TRAITÉ

THEORIQUE ET PRATIQUE

SUR

L'ART DE FAIRE ET D'APPLIQUER

LES VERNIS.

TRAITÉ

THÉORIQUE ET PRATIQUE

SUR

L'ART DE FAIRE ET D'APPLIQUER

LES VERNIS;

Sur les différens genres de peinture par impression et en décoration, ainsi que sur les couleurs simples et composées :

ACCOMPAGNÉ

De nouvelles observations sur le Copal ; de notes historiques sur la nature des matières et sur les procédés mis en usage par les compositeurs de couleurs et de vernis, et par les Peintres vernisseurs et décorateurs, &c.&c.&c. avec gravures.

Dédié à la Société établie à Genève pour l'encouragement des Arts, de l'Agriculture et du Commerce.

Par P. F. TINGRY,

Professeur de Chimie & d'Histoire naturelle minéralogique, en l'Académie de Genève, membre de diverses Académies & Sociétés de Sciences et Arts.

La raison seule est insuffisante pour vaincre les préjugés, puisqu'elle en est si souvent subjuguée ; mais l'observation peut les détruire en plaçant la vérité sous les sens.
SENEBIER, Essai sur l'art d'observer. T. I.

TOME SECOND.

A GENÈVE;
Chez G. J. MANGET, Libraire.

An XI. (1803.)

SECONDE PARTIE.

CETTE seconde Partie comprend, 1°. l'exposition historique sur la nature des substances colorantes employées dans la peinture. 2°. L'exposé physique et théorique sur l'origine des couleurs, appliquée aux couleurs matérielles. 3°. Le détail des procédés connus pour composer les couleurs, et l'indication des circonstances particulières qui autorisent l'emploi de chacune d'elles. 4°. Elle s'étend sur les cas où l'on peut donner à l'emploi du vernis au copal plus de latitude, en le destinant aux métaux colorés. 5°. Elle expose les préceptes qui doivent guider l'Artiste et l'Amateur dans l'application des vernis et des couleurs. 6°. Elle traite enfin de la Peinture à la détrempe, de la Peinture à l'huile, de l'art de travailler les toiles cirées, et se termine par l'exposition des instrumens nécessaires à l'Art du Vernisseur.

CHAPITRE PREMIER.

Exposition historique sur la nature des parties colorantes employées dans la Peinture, et sur les procédés que l'art met en usage pour les extraire, les préparer, ou pour les modifier.

L'EXAMEN que nous avons fait, dans la première partie de ce Traité, des substances qui concourent à la composition des vernis, ne pouvoit que disposer à en régler l'application d'une manière plus sûre. A ce premier avantage, se joignoit celui de rendre les Artistes familiers avec les divers procédés que l'art met en usage pour extraire ou pour modifier, suivant ses besoins, des produits que la nature ne nous présente qu'avec des caractères fixes et déterminés. Les connoissances dans un art ne doivent pas se borner à tout ce qui tient à des manipulations qu'une longue pratique modifie plus ou moins; elles doivent encore s'étendre sur tous les objets qui en deviennent tributaires.

La composition des parties colorantes, que nous suivrons dans cette seconde partie, demande des procédés plus étendus, plus variés et dont

la théorie exige assez de connoissances préliminaires. Nous suivrons à leur égard la même
marche que nous avons suivie pour les substances
nécessaires à la composition des vernis. Il deve-
noit donc important de faire précéder les observations rélatives aux principes des couleurs et
aux effets de leurs mélanges, par le tableau
historique des substances matérielles chargées
d'une partie colorante, et par le résumé des
moyens que l'art déploie pour transporter, dans
quelques circonstances particulières, le principe
colorant d'un corps dans un autre ; ou enfin pour
lui communiquer de nouvelles qualités qui le
rendent capable d'étendre le pouvoir magique
des combinaisons. Rien ne paroît plus propre à
faire sentir à l'Artiste et à l'Amateur, qu'il n'est
aucun art isolé, et que tous se prétent des
secours réciproques qui concourent à leur perfection et souvent même à la célébrité des in-
dividus qui ont assez d'énergie pour s'élancer
hors de l'ornière de la routine.

L'exposition des matières colorées ou colorantes en usage dans tous les genres de peinture, ne
peut avoir d'autres limites que celles que les Artistes y ont mises eux-mêmes. Dans le nombre
des couleurs, il en est qui reconnoissent des analogues qui ont été souvent en œuvre, mais que
l'expérience a fait ensuite négliger par leur ins-
tabilité. Comme l'ordre alphabétique présente un
très-grand avantage pour tous les cas où l'on a

besoin de les employer, nous le suivrons, comme précédemment, dans l'examen des corps colorants qu'il importe de connoître sous leurs dénominations vulgaires et sous celles qu'une saine théorie a su leur donner définitivement.

Azur. Oxide vitreux de Cobalt. Voyez bleu Email, bleu de Saxe, bleu d'Azur.

Blanc de Bougival.

Les peintres d'impression font souvent usage des matières blanches pour les fonds. La céruse se distingue par une plus grande solidité. Elle donne une excellente *teinte dure* propre à recevoir d'autres couleurs; mais il se présente une infinité de circonstances, sur-tout dans la peinture en détrempe, qui permettent l'emploi d'un blanc plus commun et moins cher, comme le blanc de Bougival, le blanc d'Espagne, le blanc de Troye, etc.

Le blanc de Bougival prend son nom de l'endroit d'où on le tire, à quelques lieues de Paris près de Marly. C'est une terre marneuse très-fine. La Normandie, l'Auvergne et plusieurs autres contrées renferment des bancs ou couches d'une matière terreuse blanche, qu'on désigne vulgairement sous le nom de terre-de-pipe. Cette terre, lorsqu'elle est très-blanche, est préférable, de beaucoup, pour la peinture en impression, à toute autre terre blanche qui seroit de nature cal-

caire, comme de la craie. Weedgwood , ce célèbre anglois qui a enrichi sa patrie du plus bel établissement qui existe pour la fabrication des po.
teries en terre de pipe , qui rivalisent, pour le
fini, avec les plus belles porcelaines, cet anglois,
dis-je , apportoit les plus grands soins au choix
de cette terre, qu'il tiroit autrefois de la Normandie. Si de semblables établissemens exigent
que la pureté se réunisse à la blancheur dans l'argille qu'on y met en œuvre ; la peinture ne dé-
ploye point la même rigueur. Le corps et la blancheur sont les caractères principaux qu'elle con-
sulte. Toute argille donne du corps à la peinture. Si le blanc de Bougival ne présente pas une
argille pure, il a le blanc qui lui assigne une
belle place dans l'ordre des corps colorans.

Le commerce nous le présente sous la forme de
pains quarrés longs qu'on lui donne , après en
avoir séparé, par le lavage, les petites pierres
et le sable qui s'y trouvent mélangés.

On lui substitue souvent la craie lavée ; mais
les connoisseurs n'ont pas besoin d'analyse pour
reconnoître la fraude. Cette craie donne moins
de corps à la peinture que l'argille : elle s'unit
moins bien à l'huile, quand on l'applique à ce
genre de peinture.

Suivant les essais que j'ai fait sur un blanc de
Bougival qui m'a été envoyé de Marly, cette
marne contient près d'un tiers de carbonate de
chaux (craie). Ce mélange la rend inférieure au

vrai blanc d'Espagne et au blanc de Moudon,
pour la peinture à l'huile.

Blanc de Cremnitz.

La composition du blanc de Cremnitz, quant à
la nature de sa base, paroît encore fort incertaine. On distribue sous cette dénomination deux
à trois substances qui n'ont rien de commun entr'elles que le nom qu'on leur donne. Les expériences directes que j'ai faites sur des échantillons, pris chez différens marchands de couleur,
n'ont pas justifié l'idée que quelques peintres célèbres avoient que ce blanc n'étoit qu'un oxide d'é-
tain (chaux d'étain) (*a*). Dans plusieurs échan-

(*a*) Je dois profiter de la première occasion que j'ai
de parler d'un oxide métallique, pour donner un apperçu de la théorie qui consacre cette expression à l'exclusion de celle de chaux qui servoit à désigner certaines préparations métalliques.

Suivant les principes de la chimie Stahlienne, on
donnoit le nom de chaux à toute substance métallique qu'on soumettoit à l'action du feu, où elle échan-
geoit sa consistance et son brillant métallique contre
une nouvelle forme pulvérulente colorée ou non colorée,
selon la nature de la substance même, et suivant le
degré de feu qu'elle éprouvoit. On donnoit encore le
nom de chaux aux mêmes substances que l'action des
acides réduisoit en poudre, ou qu'on précipitoit du
dissolvant par une autre substance qui s'emparoit du
dissolvant. C'est par une suite de cette convention

tillons tirés de différens magasins, j'ai trouvé l'oxide de bismuth (chaux, magistère de bismuth); et dans deux cas particuliers, de l'oxide céruse. L'ox ide d'étain ne s'est montré dans aucun.

---

qu'on donnoit la dénomination genérale de chaux à la Litharge, au Minium, à la Céruse, au blanc de Plomb, au Plomb calciné, à l'Etain calciné et à toutes les substances métalliques précipitées des acides par l'intermède des alcalis, etc.

Des expériences directes, conduites avec beaucoup de sagacité par Lavoisier, et répétées par un grand nombre de Chimistes, ont débarrassé la Chimie des ntraves de l'ancienne école. La combustion, l'inflammation des subtances qui sont susceptibles de ces deux états, n'ont plus été regardées comme le terme de toute destruction; elles ont manifesté, au contraire, sous la main du Chimiste pneumatique, tous les signes, es vrais caractères de nouvelles combinaisons chimimiques. L'évidence de ces combinaisons est si éclatante, qu'elle ne permet plus l'usage de l'ancienne théorie, ni de confondre les métamorphoses que les substances métalliques subissent par l'action du feu et par le concours de l'oxigène avec celle que la terre calcaire et les pierres du même genre éprouvent de la part du calorique accumulé (du feu ardent). On sait que celles-ci se réduisent en une vraie chaux par la perte d'un peu d'eau et d'un acide particulier qu'on a longtemps connu sous le nom d'air-fixe, parce qu'il leur donnoit leur état de consistance; mais qu'on désigne aujourd'hui sous le nom d'acide Carbonique, depuis que sa décomposition a montré que le carbone ou charbon en constitue la base.

A 4

Deux de ces échantillons se sont trouvés mêlés de beaucoup de craie. Ce blanc de Cremnitz ainsi mêlé étoit en plaques carrées, de deux à trois pouces (8,1 centimètres) de diamètre sur

---

Becker et Sthal, son disciple, ainsi que l'ancienne école, rangeoient les substances métalliques dans la classe des composés. On les regardoit comme autant de bases unies à un principe particulier, fugace, qui donnoit le brillant métallique, et qu'on désignoit sous le nom de *Phlogistique* : l'action du feu n'agissoit que sur ce principe qu'il séparoit de la base qui prenoit alors le caractère terreux et pulvérulent. Ce principe admis, toute chaux métallique n'étoit qu'un résultat de l'application médiate ou immédiate du feu : toute chaux métallique étoit le métal, moins le *Phlogistique* qui lui donnoit le brillant et la consistance qu'il avoit avant l'opération.

Cette première hypothèse devoit en faire naître d'autres servant à expliquer comment une substance qui perdoit un de ses principes essentiels par l'action du calorique (du feu), acqueroit néanmoins, en poids, $\frac{1}{16}$ de plus dans sa pesanteur réelle.

Ce n'est pas ici le cas de s'étendre. Il suffit d'exposer que cette théorie inconciliable sur les points les plus essentiels, a fait place à une doctrine qui, négligeant les efforts de l'hypothèse, ne s'appuye que sur les faits. Elle admet que les substances métalliques sont dans l'ordre des substances simples ; qu'elles sont combustibles, et que dans tous les cas de leur exposition au feu, loin de perdre, elles acquièrent un nouvel élément qui, de substance simple qu'elle étoit, la

une épaisseur variée , mais qui ne passoit pas la mesure d'un pouce (2,7 centimètres).

Le blanc de Cremnitz fait avec le bismuth oxidé par l'acide nitreux ou autrement, ne doit point

---

transforme en une substance composée. Ce principe , cet élément additionné, est la base de l'air pur, ou l'oxigène dont l'union avec le calorique (le feu), constitue le gas oxigène qui compose au moins le quart de l'air atmosphérique.

D'autres expériences , entreprises dans les vues de connoître la composition des acides et d'en pénétrer ou d'en déterminer le mode, ont démontré , par leurs résultats , que ce même oxigène, dont l'union avec le calorique constitue le gas du même nom (qu'on connoissoit aussi sous la dénomination d'air pur , d'air vital), est aussi le principe acidifiant, et conséquemment le générateur des acides. Cette dernière propriété a présenté aux nouveaux Chimistes le nom d'oxigène qu'on est convenu de lui donner, et dont le mot *oxide* n'est qu'un dérivé. Ainsi toute substance métallique qui étant exposée à une température élevée abandonne sa consistance , sa ténacité et son brillant, pour se revêtir de tous les caractères d'une substance pulvérulente par l'addition de l'oxigène , base de l'air vital qui a servi à la combustion, doit perdre son nom ancien de *chaux* pour prendre celui d'*oxide*. De-là l'expression d'oxide de plomb, d'*oxide* d'étain, d'*oxide* de cuivre, de fer, de bismuth, etc. etc., parce que dans ces cas, ces métaux sont oxidés par l'oxigène qui s'y trouve sous l'état pur et non sous celui de gas.

avoir d'avantage sur celui qui a le plomb pour base. Il s'altère plus facilement à l'impression de la lumière et à celle des vapeurs qui s'élèvent du sein des eaux stagnantes , des fosses d'aisance , etc. etc.

Le feu développé , le calorique enfin , favorise seulement la combinaison de l'oxigène contenu dans l'air avec le métal , et le réduit en oxide métallique; mais les acides fournissent de leur substance même cet oxigène nécessaire à l'oxidation ; et elle est d'autant plus prompte que l'acide est plus disposé à la combinaison.

Tous ces effets particuliers sont liés à la théorie générale de la combustion, dont le principal résultat est la combinaison de l'oxigène , base de l'air pur, avec le corps combustible.

Ainsi, d'après cette exposition, la théorie de la réduction des oxides métalliques doit être pressentie. Elle ne peut avoir lieu que lorsqu'on leur applique un corps combustible, tel que le charbon , sous l'influence d'une température très-élevée. L'oxigène contenu dans la substance métallique , et qu'il avoit convertie en oxide, se porte sur le corps combustible, par l'effet d'une affinité élective , et forme avec lui l'acide carbonique (l'air fixe) qui s'échappe : alors le métal abandonné reparoît avec ses premiers attributs.

Ainsi lorsque dans le chapitre raisonné des substances colorantes ou ailleurs, il sera question d'oxide métallique , ce sera toujours dans le sens de la substitution de cette expression à celle de chaux qui n'est plus en rapport avec la théorie actuelle.

*Composition d'un blanc auquel je conserve le nom
de blanc de Cremnitz.*

Je suis parvenu à faire un beau blanc de perle
auquel je donne le nom de Cremnitz , avec l'oxide
qui résulte de la dissolution rapide de l'étain avec
l'acide nitrique (eau forte pure), auquel j'avois
mêlé un quart d'oxide sublimé de zinc (fleurs de
zinc) et un huitième de la totalité d'argille blanche extraite de la craie de Briançon lavée au vinaigre distillé (*b*). Ce mélange parfaitement

---

(*b*) Pour préparer la craie de Briançon, on choisit
les échantillons les plus blancs ; on les rappe avec une
peau de chien de mer : on place la poudre dans un
bocal avec une pinte de bon vinaigre distillé par livre
de cette poudre. On agite le mélange tous les jours
pendant deux semaines ; on décante alors le vinaigre
sans troubler le dépôt : on verse de l'eau propre sur
ce dépôt ; on l'agite et on verse le tout sur un filtre
de papier. On sépare ainsi la première eau du lavage :
on continue à verser de nouvelle eau sur le sédiment
que contient le filtre , jusqu'à ce qu'on n'apperçoive
plus de saveur dans l'eau filtrée. On étend alors le
filtre avec son sédiment sur un tamis de crin à l'abri
de la poussière, et on le fait sécher jusqu'à ce qu'il
en résulte une poudre blanche.

Le vinaigre a séparé de cette matière argilleuse
toutes les parties solubles qui pouvoient en altérer

lavé, séché et passé au tamis de soie, donnoit une poudre très-blanche, d'une pesanteur moyenne et tellement à l'abri des changemens opérés par l'impression de la lumière et des vapeurs, qu'aucune composition en ce genre ne peut lui être préférée. Elle est sûrement trop couteuse pour les entreprises des peintres d'impression : cependant l'art trouve des réserves pour les objets qui demandent d'autres procédés que ceux qu'on admet pour des ouvrages communs. Le peintre en tableau se loueroit, sans doute, de son usage.

Si on vouloit substituer une autre substance métallique, il conviendroit de préférer le plomb au bismuth. Le plomb traité rapidement à l'acide nitrique (eau forte) se précipite en oxide blanc qui résiste assez à l'impression de la lumière, moins cependant que l'étain. Si on veut éviter la purification de la craie de Briançon, on peut lui substituer le blanc de Morat ou de Moudon, qui est très-pur.

Blanc d'Espagne.

Le blanc d'Espagne est une argille pure qu'on peut laver au vinaigre pour en séparer les parties

---

l'onctuosité, et sur-tout les parties de fer qui s'y trouvent souvent mélées.

N. B. On peut opérer la division de la craie de Briançon par la contusion dans l'eau, qu'on décante souvent lorsqu'elle ne contient que les parties fines.

calcaires qui peuvent y être mélées. Mais ce procédé ne doit avoir lieu que pour les cas d'une application recherchée. Sa nature argilleuse contribue à la solidité du fond lorsqu'on l'emploie à la peinture à l'huile, ou au Vernis. Elle fait corps; mais dans ces cas il faut l'employer très-sèche, de même que toute les terres. Lorsqu'elles sont humides leur union avec l'huile et le vernis est imparfaite; elles granulent sous le pinceau.

· Sous le nom de blanc d'Espagne on distribue chez les marchands des cylindres solides de craie lavée, qui ne peuvent pas répondre aux qualités qu'on recherche dans le blanc d'Espagne.

Il est cependant aisé de s'assurer de la différence qui existe entre le vrai blanc d'Espagne et la craie qu'on chercheroit à lui substituer. Il suffit de verser sur l'échantillon quelques gouttes d'acide nitrique (eau forte), ou du fort vinaigre. Si le blanc d'Espagne est pur, il n'y a point d'effervescence (de bouillonnement), s'il s'excite du mouvement, il est dû à la partie crayeuse. Dans ce dernier cas, on prend quelques petits fragmens de cette terre, qu'on plonge dans un demi verre de vinaigre ; s'ils disparoissent entièrement avec effervescence, le tout est calcaire, la partie qui résisteroit seroit argilleuse. On peut alors, à la simple vue, évaluer les quantités de l'une et de l'autre terre.

Blanc de Gyps.

Le Gyps est une combinaison naturelle qui résulte de l'union de l'acide sulfurique (huile de vitriol) avec la chaux (base de la terre calcaire) ; C'est un sulfate de chaux. Il est fort utile dans la société, lorsqu'on lui a fait subir une calcination. Il porte alors le nom de plâtre. C'est sous cet état qu'on s'en sert pour les constructions communes et pour les décorations réservées à l'intérieur des appartemens. On l'applique aussi à l'agriculture avec un succès constant.

Le plâtre demande une certaine règle lorsqu'on l'éteint ou qu'on le gache avec de l'eau pour répondre au travail du gypier. Il ne demande, pour prendre corps, que l'eau qu'il a perdue pendant la calcination. Si on met une trop grande quantité, elle énerve sa force ; il ne prend point corps, et il porte alors le nom de plâtre noyé.

Lorsqu'on veut le faire servir au blanc destiné à la peinture par impression, il convient qu'il soit noyé de beaucoup d'eau. Cette surabondance du liquide en tient toute les parties écartées et favorise la division qu'on recherche. Ainsi divisé, il compose un blanc très-précieux au blanchisseur d'appartemens et au peintre en détrempe.

Cette dernière opération est simple. Lorsqu'on l'a noyé de beaucoup d'eau, on agite la masse avec un balai et on laisse précipiter la poudre. Lorsque l'eau qui surnage le précipité est claire on la décante : on fait un second lavage , et on fait sécher le sédiment qui en résulte, après en avoir séparé le liquide qui le surnage.

Ce blanc est plus fin, plus délicat que celui de la craie, lorsque le gyps calciné est pur, c'est-à-dire, sans mélange d'argille.

Les ouvriers blanchisseurs ne se font pas scrupule de substituer ce blanc à celui de céruse qui n'est pas plus beau, mais qui est plus solide et bien plus cher. Lorsqu'on donne trop d'épaisseur à la couche, elle se lève par écailles, ce qui n'arrive pas lorsqu'on se sert de céruse.

Blanc de Moudon , ou de Morat.

Depuis quelques années nous tirons de Suisse, dans le Pays-de-vaud, une terre très-douce au toucher, d'un blanc argentin et soyeux, d'un grain très-fin , auquel nous donnons le nom de blanc de Moudon , ou de blanc de Morat, parce que ces deux villes sont voisines de sa minière. C'est un vrai blanc d'Espagne, une argille pure, qu'on employe avec succès dans nos fabriques de papier peints. Souvent nos droguistes la vendent pour terre absorbante, sous le nom de Panacée nitreuse, et même sous celui de Magnésie, quoiqu'elle supporte les efforts des acides sans donner le moindre indice d'effervescence. Cette terre seroit d'une grande ressource pour l'entreprise d'une fabrique de céruse ; unie à cet oxide, elle fait dans la peinture à l'huile des gris de perle, ou foncés qui ont beaucoup de solidité et d'éclat.

Blanc de Plomb.

Oxide blanc de Plomb par le Vinaigre.

Le Blanc de plomb est un oxide (chaux) opéré par la vapeur du vinaigre.

Le procédé qu'on met en usage pour sa préparation, est le même que pour l'oxide de plomb qu'on connoît vulgairement sous le nom de céruse. Le plomb se laisse facilement entamer. L'air ordinaire agit sur lui et le couvre d'une poussière blanchâtre qui n'est autre chose qu'un oxide de plomb imparfait. C'est ce qu'on apperçoit sur les grands édifices couverts de ce métal : cependant cette oxidation abandonnée à la nature, est trop lente pour venir au-devant des besoins des arts. On y supplée par un procédé plus expéditif. Il consiste à exposer le plomb laminé à la vapeur du vinaigre.

On met du vinaigre dans des cruches, de manière à n'occuper que la moitié de leur capacité. On suspend au-dessus de la surface de l'acide des lames de plomb roulées sur elles-mêmes, ou toutes plates. On recouvre les cruches ; on les place sur un bain de sable chaud et on entretient assez de chaleur pour faire élever de la masse du vinaigre, des vapeurs qui circulent autour des

lames

lames métalliques. Ces vapeurs de nature acide
agissent sur le plomb , le pénétrent et le convertissent en une substance blanche qui garde la
forme des lames et qui porte le nom de Blanc
de plomb. On retire ces lames de cette espèce
d'infusion vaporeuse , lorsqu'en les rompant on
s'apperçoit que tout le plomb est converti eu
oxide , et qu'il ne reste plus de trace métallique.
Ces lames une fois séchées sont assez solides.

Les procédés varient ; mais tous conduisent
plus ou moins promptement aux mêmes résultats.
Quelques manufacturiers placent ces cruches dans
du fumier chaud et les y laissent pendant vingt
à trente jours , sans inspecter les lames de
plomb. Alors ils les enlèvent ou ils les grattent
pour enlever la partie oxidée du plomb qui ne
l'est pas encore ; ils exposent le plomb restant
à de nouvelles vapeurs de vinaigre et continuent
ce travail jusqu'à ce qu'il soit converti en oxide. Cependant ce dernier travail est plus particulièrement appliqué à la fabrication de la
céruse ; car lorsqu'il est question de préparer le
blanc de plomb qu'on vend en lames , et non sous
la forme de pains coniques , on donne peu d'épaisseur aux lames , et on les laisse exposées à la vapeur du vinaigre, jusqu'à ce qu'elles soient entièrement oxidées.

D'autres manufacturiers disposent leur vaisseaux de manière à favoriser une distillation. Ils
recouvrent leurs cuines ou cruches de chapiteaux

en forme d'alambic, et ils donnent assez de chaleur au bain pour faire distiller le vinaigre. Ils mettent le vinaigre distillé en réserve pour la fabrication de l'acétite de plomb (sel de Saturne) . Dans ce procédé le vinaigre agit avec plus d'énergie , et le plomb se trouve complettement oxidé en bien moins de temps.

Lorsque, dans cette opération on fait servir le vinaigre distillé à la purification de l'acétite de plomb (du sel de plomb ou de Saturne), on remet à mesure du vinaigre ordinaire dans les cuines pour remplacer celui qui passe dans la distillation. Mais si le vinaigre distillé n'a aucune destination , on le remet dans les cuines, lorsqu'il s'en trouve une certaine quantité dans les récipiens.

L'oxide blanc de plomb se répand dans le commerce sans aucune altération quand on le veut en plaques et non pas en poudre. Il n'est pas rare de trouver dans l'intérieur une lamelle de plomb encore en nature.

Les peintres en tableau qui ne broyent pas eux-mêmes leurs couleurs, sont souvent découragés par la teinte grise que le blanc de plomb prend sous la molette. Cet effet qui n'est qu'accidentel affoiblit leur confiance et les rende souvent incertains sur le choix de leur blanc. Si l'oxide blanc de plomb contient encore des parcelles de plomb non oxidé, cette partie métallique se divise sous le mouvement de la molette , et grise la couleur. Il faut donc s'assurer avant si le blanc de plomb est pur et choisir les lames les plus minces. D'ailleurs le porphyre et la molette doivent être de la plus grande propreté ; parce que cet oxide qui contient souvent un peu d'humidité acide, est plus disposé qu'une autre matière à en détacher les parties résultantes de précédentes porphyrisations. Pour l'avoir beau, il doit être broyé à plusieurs eaux. Souvent on le conserve sous l'eau dans des vaisseaux de grès ou de verre ; mais plus souvent on le tient sec sous la forme de petites tablettes de forme conique qui portent le nom de Trochisques.

Quand on ne tient pas à la forme, on étend sur un papier fort le blanc nouvellement broyé et on lui laisse peu d'épaisseur. Lorsqu'il est sec on le leve par écailles et on le conserve sous cette forme dans des vaisseaux bien bouchés pour le défendre du contact de toute espèce de vapeurs.

Cet oxide est un plomb pénétré par l'oxigène qui abonde dans l'acide du vinaigre. Il ne contient pas assez d'acide développé pour pouvoir être considéré comme un sel. On le réserve ordinairement pour les peintures délicates. Le blanc s'en soutient mieux qu'avec la préparation suivante. Nous l'appellerons oxide blanc de plomb.

Blanc de céruse. Céruse.

Oxide céruse. Oxide de plomb par le vinaigre.

Quand une fabrique est montée pour la préparation de la céruse , on prend moins de précaution pour l'exposition des lames de plomb que dans la préparation précédente du blanc de plomb en lames. On leur donne plus d'épaisseur , parce qu'on enlève l'oxide à mesure qu'il se forme. Lorsqu'on en a recueilli une certaine quantité , on porte cette espèce de pâte sur une pierre plâte, horizontalement placée , et sur laquelle on fait tourner une meule montée verticalement. On mélange l'oxide avec de la terre-de-pipe (argille blanche) ou avec du blanc d'Espagne ; lorsque ce mélange est bien pétri sous la meule , on divise toute la pâte en petits pains coniques , qu'on fait sécher à l'étuve ou à l'air, selon la saison, ou le local de la fabrique. On enveloppe chaque pain de papier , qu'on entoure d'un fil. C'est sous cette forme que le commerce nous fait connoître le blanc de céruse.

Quand on ne seroit pas instruit de la réalité de ces sortes de mélanges, la comparaison qu'il est facile de faire entre le prix très-élevé du blanc de plomb , qui ne demande aucune préparation subséquente , et celui très-inférieur de la céruse qui veut un travail assez long , dès l'instant qu'on la sort de la vapeur, est suffisant pour manifester l'influence d'une sophistication. En effet le blanc de plomb a une valeur numéraire triple de celle de l'oxide céruse.

Les manufacturiers ne sont pas toujours scrupuleux sur le choix , ni même sur la quantité de la substance terreuse qu'ils mélangent avec l'oxide. Quelques-uns se servent de blanc d'Espagne ou terre-de pipe très blanche et observent des doses qu'ils ne dépassent pas : mais il s'en trouve d'autres qui emploient le blanc de Troyes ou une craie lavée dont ils outrent même la quantité. Ces différences résultant d'un travail en grand, qui n'est sujet à aucune inspection pour la sûreté du commerce , prescrivent un choix dans l'achat de l'oxide céruse. La plus pesante , sous un volume donné , comme celle qui ne fait pas effervescence lorsqu'on y verse un acide , doit être préférée à la plus légère et à celle qui éprouve quelques mouvemens d'effervescence sous l'impression de l'acide. La craie ne donne pas à la peinture le même blanc ni le corps que donne l'argille blanche.

Outre ces sophistications qui tiennent à la fabrication en grand, il s'en fait encore d'autres chez le marchand , dont cependant on peut éviter de se trouver victime. Il s'y fait un second mélange de craie , mais alors on la présente en poudre et non sous la forme de pains. On évite donc cette nouvelle fraude en ne l'achetant que sous ses enveloppes de fabrique. L'indication la plus certaine sur cette addition de craie, se tire du prix plus élevé qu'on exige de la céruse en pains, que de celle qui est en poudre, malgré la peine et le déchet de la pulvérisation.

De ces deux préparations de plomb, il n'y a guères que l'oxide céruse qui soit employé dans l'application des Vernis en grand et dans la peinture à l'huile par impression. On réserve l'oxide blanc de plomb pour les Vernis dont on recouvre les meubles précieux et pour la peinture en tableau, quoique les peintres en ce dernier genre connoissent d'autres substances qui la remplacent.

Les Hollandois avoient concentré ce genre de fabrication chez eux ; mais depuis quelques années il s'en est élevé de nouvelles fabriques en Angleterre, en France et en Italie. Des Marseillois en ont établi une à Livourne depuis la révolution francaise ; et avant l'époque de la conquête de la Toscane, deux ou trois années avoient suffi pour statuer d'une manière très-favorable sur sa prospérité future.

Cet oxide céruse dissous de nouveau dans le vinaigre distillé et traité par voie de cristallisation, donne l'acétite de plomb (sel ou sucre de Saturne, sel de plomb).

Blanc de Rouen.

Le Blanc de Rouen est une espèce de marne
(argille et carbonate de chaux ou terre calcaire)
qu'on détrempe dans l'eau, pour en séparer les parties sablonneuses ou grossières. On décante l'eau
lorsqu'elle est encore chargée de la matière la
plus légère qui forme un sédiment par le repos.
On enlève ce dépôt des fosses lors qu'il a pris la
consistance d'une pâte ; on divise cette pâte en
petites masses du poids de 16 onces environ
(489,14 grammes).

Le mélange de la craie (acide carbonique uni
à la chaux) avec l'argille rend celle-ci moins
propre, que si elle étoit pure, à la peinture à
l'huile et au Vernis. Cependant ce blanc est encore préférable pour cet usage à celui de Troye.

Blanc de Troyes. Craie blanche.

Le Blanc de Troyes est un carbonate de chaux
(union de l'acide carbonique à la chaux), connu
vulgairement sous le nom de craie. Il tire son
nom de la ville près de laquelle on le trouve
formant des bancs assez étendus.

Ce blanc est souvent mêlé de sable , de portions
de silex (pierre à fusil) et d'autres impuretés
dont il faut le séparer. On y parvient par le
lavage , comme nous l'avons dit pour le blanc
de Rouen. On distribue ce blanc sous la forme

de gros pains carrés de 10 à 12 livres , et sous celle de rouleaux ou cylindres de 16 à 20 onces (489 à 611,42 grammes). On la coupe aussi en bâtons carrés et longs , pour lui donner l'apparence de la terre-de pipe dont elle n'a cependant aucune des qualités. C'est une fraude qu'il est facile de connoître par le moyen d'un fort vinaigre qui bouillonne avec la craie et qui demeure sans action sur la terre-de-pipe comme sur le vrai blanc d'Espagne.

L'usage de la craie prévaut pour le blanchîment ordinaire des appartemens , quoique le blanc de gyps lui soit supérieur Elle sert aussi à divers fonds colorés ou non colorés qu'on applique en détrempe. On lui donne de la solidité en la détrempant à l'eau de colle. Mais si on la fait servir à des couches en apprêt destinées à recevoir des parties colorantes, le lavage de fabrique ne lui est pas suffisant , et il faut lui en faire subir un second. Son emploi dans le travail des papiers peints devient préjudiciable à certaines couleurs et notamment au bleu de Prusse , lorsqu'on n'en a pas séparé les parties qui échappent à un lavage trop en grand. La craie lavée avec beaucoup de soins n'a plus l'inconvénient d'altérer ou de détruire les couleurs.

Le premier bénéfice qu'on fait dans une fabrique , dérive de l'économie qu'on peut porter sur toutes les branches de la fabrication et particulièrement sur le nombre des bras. Lorsqu'on em-

ploie une matière commune , la pulvérisation ,
par main de manœuvre , devient très-couteuse.
Le moulin ou la pierre à meule tournante expé-
die en peu d'heures ce que plusieurs hommes ne
pourroient pas exécuter en trois jours.

Pour le travail dont il est ici question , on
expose la matière sur la pierre plate , pour y être
atténuée par la meule verticale et tournante. Le
lavage acheve de séparer les parties plus atténuées de celles qui demandent encore quelques
tours de meule , si on reçoit la matière détrempée sur un tamis de crin serré. On traite à grande
eau et on agite le mélange avec un balai propre.
Par le repos , le sédiment se forme assez vite.
L'eau qui le surnage est rousse : on la décante :
pour plus de précaution, on détrempe le dépôt dans
une nouvelle quantité d'eau qu'on sépare de même
lorsque le sédiment est formé. Le précipité prend
la consistance d'une pâte qu'on divise par petites
parties pour en faciliter la dessication. Cette matière ainsi lavée , n'agit plus sur les couleurs composées , et le bleu de Prusse (prussiate de fer) ,
au rapport d'un manufacturier habile en papiers
peints , n'y éprouve plus de changement. Le carbonate de chaux (la craie) non lavée se comporte donc avec le prussiate de fer comme le
feroient un alcali ou la chaux. Ceci présente un
nouveau sujet de recherches applicables à ce
genre de fabrique.

Le blanc de Troyes ou la craie n'est propre

qu'à la peinture en détrempe. Elle brunit avec l'huile et les Vernis, et avec ces derniers, elle a l'inconvénient d'éclater. D'ailleurs, elle est peu propre à donner une *teinte dure* comme le fait l'argille mêlée d'un peu d'oxide céruse. Les couleurs qui admettent la craie n'ont point d'éclat, peut-être par le défaut du second lavage, et elles sont très-peu solides, lors même que la craie seroit mélangée d'un peu de céruse.

Blanc de Zinc. Oxide sublimé de Zinc.

Chaux de Zinc. Fleurs de Zinc.

La découverte d'un blanc inaltérable à l'impression de l'huile, de la lumière et des vapeurs est depuis long-temps l'objet de la sollicitude des peintres en tableaux. Toutes les compositions connues de ce genre, avoient l'inconvénient de prendre après un certain temps, des teintes différentes de celles que l'Artiste cherchoit à fixer. Un coup d'œil brun ou jaunâtre minoit insensiblement l'illusion et laissoit le peintre fort en arrière de son point de départ. Les ouvrages du génie doivent survivre avec toute leur gloire à la main passagère de l'Artiste qui en a conduit avec succès toute l'ordonnance. C'étoit donc rendre un vrai service à la peinture que de fixer l'espérance des grands maîtres sur une des couleurs les plus employées dans leurs compositions.

Le célèbre Guiton de Morveau crut remplir

cette tâche laissée à la chimie en substituant l'o-
xide sublimé de zinc (fleurs de zinc) aux oxides de plomb et de bismuth (blanc de plomb,
chaux de bismuth), dont l'usage présentoit des
inconvéniens décourageans. A cet effet, il donna
tous ses soins à l'établissement d'une fabrique
d'oxide de sublimé de zinc pour venir d'une
manière efficace au secours de la peinture.

Les substances colorantes métalliques ont sur
celles qu'on extrait du régne végétal un avantage
reconnu de tous temps par les peintres. Elles se
marient infiniment mieux avec l'huile qui sert à
les détremper, et elles produisent, sous l'influence de la lumière, des effets plus étendus,
des tons plus moëlleux et mieux soutenus, à raison, sans doute, de leur solidité et de leur contexture particulière, que les parties colorantes
terreuses et végétales. A cet égard, l'application
de l'oxide de zinc au genre sublime de la peinture offroit une acquisition d'autant plus précieuse,
qu'elle dispensoit complettement de faire valoir
deux autres oxides, que de fortes raisons sem-
bloient devoir reléguer, depuis long-temps, aux
seuls usages de la peinture par impression et à
la décoration.

Dans les arts qui demandent une longue expérience pour établir un jugement solide sur des
essais, on n'arrive guères que peu à peu au but
désiré; quelques peintres trouvent cet oxide de zinc
trop sec, trop dur ; et , d'après cette prévention, ils

aiment mieux s'exposer aux inconvéniens qu'ils ont toujours redoutés , mais dont ils connoissent les limites, que d'entreprendre des essais qu'ils craignent encore plus , parce qu'ils ignorent les bornes de leurs résultats. La routine multiplie bien souvent les difficultés , au moins elle ne paroît pas propre à les faire disparoître , ni même à les affoiblir. Nous sommes portés à croire qu'elle a plus d'empire que la raison sur le cas présent. Le temps seul pourra prononcer définitivement sur les avantages qu'on peut trouver dans l'emploi de cet oxide. Dans un cas semblable, les comparaisons applanissent les difficultés et achèvent d'éclairer. On pourroit donc varier les essais en mettant en parallele les effets de cet oxide , ceux des deux oxides en quelque sorte proscrits, et ceux que présenteroit l'espèce de blanc de Cremnitz dont je donne la composition *(voyez page* 11 *de cette seconde partie)*. La composition en est facile et à la portée de tout le monde. On peut même la varier rélativement à l'addition de l'argille blanche.

On obtient l'oxide sublimé de zinc en faisant fondre ce métal dans un cylindre de terre faisant l'office de creuset, et qu'on place obliquement dans un fourneau de reverbère , ou dans tout autre fourneau capable de donner assez de chaleur pour le faire entrer en fusion. Alors le métal ne tarde pas à s'enflammer; il s'en élève une fumée blanche, épaisse , qui se convertit en floccons lanugineux et très-blancs , si le zinc est très-pur. Ce sont ces flocons qui s'attachent aux parois du cylindre qui portent le nom d'oxide sublimé de zinc (fleurs de zinc).

Si le zinc contient du fer , cet oxide est jaune orangé , ou purifie le métal en y jettant , lorsqu'il est en fusion , quelques pincées de fleurs de soufre.

Bleu d'azur. Bleu d'émail. Bleu de Safre. Bleu de Saxe. Azur.

Oxide vitreux de Cobalt.

La peinture fait usage d'une matière vitreuse qui emprunte sa couleur bleue de l'oxide (chaux) d'une substance métallique qui porte le nom de Cobalt.

On le travaille en grand en Saxe , où les mines de cobalt sont abondantes. Cette circonstance seule a déterminé sa dénomination de bleu de Saxe.

La nature ne donne pas le cobalt dans un état de pureté. Il se présente au mineur mêlé de terres , de pierres , et uni au soufre ou à l'arsenic et souvent à tous les deux ensemble. Ce ne sont pas encore les seules matières dont il convient de le séparer ; ses mines contiennent le plus souvent du bismuth , du nickel , de l'argent. Son exploitation est donc accompagnée de difficultés qui multiplient les procédés.

Le premier travail est le grillage. On casse la mine pour en séparer les pierres. Les morceaux riches en métal sont mis en réserve pour être traités à la calcination. Ceux qui contiennent beaucoup de pierres sont portés au bocard, ou moulin à pilons. Comme cette pulvérisation s'opère dans une eau courante, l'eau entraîne les parties pierreuses qui sont plus légères que la mine, tandis que celle-ci reste en partie dans l'auge du bocard, et en partie dans le premier réservoir. On fait sécher cette mine bocardée et on la grille.

Le grillage se fait par réverbération de la flamme sur la matière. Le plancher qui supporte la mine a la forme d'un segment sphéroïdal très-applati, dans le milieu duquel on pratique un enfoncement en forme de creuset, pour recevoir le bismuth qui s'y rend dès la première impression du calorique (du feu). Pendant l'oxidation du cobalt (la calcination), le soufre et l'arsenic se volatilisent, le premier sous la forme de gas acide sulfurique et sulfureux, et le second sous celle d'oxide d'arsenic. Ce dernier, en se sublimant, tapisse de flocons blancs et noirs tout l'intérieur d'une longue gallerie.

Lorsque la mine de cobalt est grillée au point convenable ; elle prend une couleur lie de vin. On la mélange avec 4 à 5 parties de silex (cailloux pierres à fusil) qu'on a broyés au moulin, après les avoir fait rougir à blanc et éteint dans l'eau froide, pour en diviser plus aisément les parties. C'est ce mélange qu'on connoît sous le nom de safre que les fayanciers employent pour la couleur bleue de leurs poterie, en le mêlant avec une portion de sel alcali.

L'Azur, le Bleu d'émail développé, le Bleu de Saxe, le Smalt, ou enfin *l'Oxide vitreux de cobalt*, est le safre réduit en verre bleu par l'action d'un feu violent. Plus le verre se trouve chargé d'oxide de cobalt, plus aussi la couleur bleue devient intense. Cette vitrification est rendue facile par l'addition d'une certaine quantité de carbonate de potasse (alcali de potasse), ou de carbonate de sonde, (alcali de la soude effervescente).

Le Smalt ou l'oxide vitreux de safre réduit en poudre grossière, porte le nom *de gros bleu de Saxe*, *de bleu d'émail*. Le bleu des quatre feux est plus recherché. On prétend qu'il a subi quatre fusions et quatre pulvérisations, après avoir eté versé liquide dans une certaine quantité d'eau.

C'est ce bleu qu'on employe pour la peinture à l'huile et pour certaines détrempes.

Cet oxide vitreux de safre demande beaucoup de soins avant d'être appliqué à des peintures délicates. Il faut qu'il soit broyé très-long-temps; et comme le verre en est fort dur, cet ouvrage, purement mécanique, rebute bien des peintres. On le destine aux draperies d'un bleu tendre. Il a le défaut d'être un peu sec, et il le doit à la nature vitreuse de sa composition qui ne peut pas happer la toile, ni faire corps avec les autres couleurs. Sans la ténacité de l'huile qui lui sert de mastic ou de vernis, il tomberoit en poussière.

La grande consommation que nos Artistes Genevois font du bleu tiré du cobalt, et la difficulté qu'ils ont souvent éprouvée pour s'en procurer d'une fusibilité qui fut conciliable avec la délicatesse du travail sur les émaux de bijoux, les ont souvent contraint à tourmenter la mine même pour en préparer l'oxide. C'est particulièrement pour eux que j'ai rapporté le précis des travaux en grands appliqués à l'exploitation de cette mine.

Bleu d'Outremer. Outremer.

Le bleu d'Outremer est extrait du *lapis lazuli*, pierre d'azur, espèce de zéolithe pesante, assez dure pour faire feu avec le briquet, pour couper le verre et prendre un beau poli. Cette pierre est d'un bleu vif, marbré de veines blanches ou jaunâtres et enrichi de petites glandes et même de belles veines métalliques de couleur d'or, qui ne sont que des sulfures de fer (pyrites martiales). Elle se casse irrégulièrement. La plus estimée est celle qui est la plus chargée de bleu.

On la trouve en Asie, particulièrement en Perse, et dans le royaume de Golconde. Il vient aussi du beau *lapis* de Sibérie, de Prusse et d'Es-

pagne,

pagne , mais il est moins dur que celui d'Asie.
Les Romains, qui y attachèrent un très-grand prix
ont rendu cette pierre si commune en Italie ,
qu'on en faisoit des mosaïques ; enfin , on en
multiplioit tellement l'emploi , qu'on la faisoit
servir aux décorations d'architecture avec la même
profusion que certains marbres. Les jésuites qui
en faisoient un grand commerce n'ont pas peu
contribué à le faire servir ainsi au luxe des arts.

Le travail de l'extraction du bleu d'Outremer
ayant été fort encouragé par le prix excessif qu'on
mettoit à cette couleur vraiment précieuse , l'a-
bondance de ce dernier produit de l'art a contribué à diminuer de beaucoup celle du *lapis lazuli*.
Ce premier inconvénient devoit en faire naître un
second rélatif au prix actuel de l'Outremer qui
surpasse celui de l'or. Il est même vraisemblable qu'il s'élèvera encore en raison de la rareté
de cette pierre qui sera devenue plus grande depuis la suppression de l'ordre des jésuites , et par
la dispersion qui s'en sera faite à la faveur du
bouleversement général arrivé dans l'état politique des provinces Ecclésiastiques.

Plusieurs Artistes se sont occupés de procédés
capables d'extraire l'Outremer dans sa plus grande
pureté. Cependant quelques-uns se contentent
de séparer les parties non colorées du *lapis* , de
mettre en poudre impalpable la partie colorée et
de la faire broyer long-temps avec de l'huile
d'œillet. Mais il est constant que par cette mé-

thode insuffisante la beauté de l'Outremer se trouve voilée par les parties qui lui sont étrangères ; et qu'il ne rend pas tout l'effet qu'on doit attendre de l'Outremer pur.

L'Outremer, la plus belle, la plus riche des couleurs, a sur le bleu de Prusse le mieux préparé, l'avantage inapréciable de se marier, d'une manière naturelle, avec le bel incarnat de la beauté. Il a sur le bleu de Saxe ou bleu d'émail celui de la richesse, du moëlleux de ton. Il n'est point sableux comme lui; il ne trompe jamais, par l'effet du temps, l'espérance ni la main du génie qui l'a placé. Sous ce seul point de vue, il mérite encore plus que la valeur numéraire qu'on y attache.

Il est donc, lorsqu'on le considère dans tout son éclat, et sous ses plus beaux attributs, plutôt le produit de l'art que celui de la nature. Au moins, si la nature en fait les premiers frais, l'art le dégage de toutes les parties étrangères à sa composition, et le fait paroître sous ses caractères les plus précieux.

On sent que ces éminentes qualités ont dû forcer au secret les premiers possesseurs des procédés capables d'en doubler le mérite et la valeur. C'est en effet ce qui est arrivé. On a préparé de l'Outremer bien longtems avant qu'il parut aucune description sur le travail de son extraction et de sa purification. Le premier écrivain qui en ait fait mention est Anselme de Boot qui en décrit la préparation dans son traité sur les pierres précieuses. D'après lui, sans doute, Kunckel et Newmann, qui se sont occupés des mêmes procédés en ont élagué les détails minutieux. Ils se contentent d'exposer les observations les plus essentielles pour faciliter l'extraction complette de la partie colorée.

Kunckel sépare du *lapis* les morceaux d'Outremer les plus apparens : il les réduit à la grosseur d'un pois; il les fait rougir dans un creuset et les jette rouges dans le plus fort vinaigre distillé. Il les broye avec le vinaigre et les réduit en poudre impalpable. Il prend ensuite autant de cire et de colophone qu'il y a de *lapis*, c'est-à-dire, demie once, ou une once (30,57 grammes) de chacune des trois substances. Il fait fondre dans un vase propre la cire et la colophone et ajoute la poudre à la matière fondue, en remuant exactement pour completter ce mélange; il verse la masse dans de l'eau froide, où il l'abandonne pendant huit jours. Il prend alors deux vases de verre remplis d'eau assez chaude pour que la main puisse à peine l'endurer. Il pétrit la masse dans cette eau chaude, et lorsqu'il juge que le plus pur de l'Outremer en est ôté, il passe la masse résineuse dans l'autre vase, où il acheve de la pétrir pour en séparer le reste. Cette dernière portion lui a paru de beaucoup inférieure, en ce qu'elle est plus pâle que la première. Il laisse ensuite reposer pendant quatre jours pour faciliter

le précipité de l'Outremer , qu'il retire par décantation et qu'il lave , sans doute , dans une nouvelle eau pure.

Suivant sa remarque, on peut séparer , par ce
procédé, de l'Outremer de quatre qualités. La
première séparation donne le plus beau , la beauté
de la poudre décline en arrivant aux dernières
portions de l'extraction.

Kunckel regarde l'immersion du vinaigre comme
le coup de main essentiel. Il facilite , sans doute ,
la division et même la dissolution des parties
zéolitiques et terreuses solubles dans cet acide.

Newmann est plus bref. Il sépare d'abord les
parties bleues du *lapis* et les réduit sur le porphyre en poudre impalpable , qu'il arrose avec
de l'huile de lin. D'un autre côté, il fait une pâte
avec parties égales de cire jaune , de poix résine et de colophone ; c'est-à-dire , de chaque
8 onces (244,57 grammes). Il ajoute à cette
pâte une demie once d'huile de lin (15,28 grammes) 2 onces d'huile de térébenthine (61,14
grammes) et autant de mastic pur.

Il prend quatre parties de ce mélange et une
partie de *lapis lazuli* , porphyrisé à l'huile de lin.
Il mêle le tout à chaud et le laisse digérer pendant un mois. Alors il pétrit fortement ce mélange dans de l'eau chaude jusqu'à ce que la partie bleue s'en sépare , il la retire au bout de
quelques jours par la décantation du liquide qui
la recouvre. Cet Outremer est , dit-il, de la
plus grande beauté.

Voici donc deux procédés à-peu-près semblables, si on en excepte la préparation préliminaire de Kunckel, qui consiste à faire rougir le *lapis* et à le plonger dans le vinaigre. On peut penser, d'après les observations du judicieux Margraff sur la nature de la partie colorante, que cette calcination peut être nuisible à certains *lapis*. Ce préliminaire devient cependant une expérience d'épreuve qui constate la pureté de l'Outremer.

Comme cette matière est précieuse, on peut encore tirer partie des portions d'Outremer que contient la pâte qu'on a pétrie dans l'eau. Il s'agit de la faire liquéfier avec quatre fois son poids d'huile de lin, de verser la matière dans un verre de figure conique, d'exposer le vase dans le bain-marie d'un alambic dont on tient l'eau bouillante pendant quelques heures. La liquidité du mélange permet à l'Outremer de se séparer. On décante l'huile surnageante. On répéte la même immersion de la matière colorante dans de l'huile, pour en séparer les parties résineuses encore adhérentes, et on finit par la faire bouillir dans de l'eau pour en séparer l'huile. Le dépôt est de l'Outremer ; mais il est inférieur à celui qui se sépare dans le premier lavage.

C 3

Moyen de connoître si l'Outremer est falsifié.

Comme le prix de l'Outremer, qui étoit déjà très-élevé, peut le devenir d'avantage à raison des difficultés de se procurer le *lapis* dont on paroît avoir épuisé les sources, les peintres sont intéressés à se mettre à l'abri des sophistications qu'un esprit de cupidité applique aux objets d'une certaine valeur. L'Outremer est pur, si, lorsqu'on le met rougir au feu dans un petit creuset, il supporte cette épreuve sans changer de couleur. Comme on ne tente cette expérience que sur de petites quantités, on peut, avec peu de frais, en essayer la comparaison avec la partie qui n'a pas été au feu. S'il est falsifié il devient noirâtre ou plus pâle.

Cependant on pourroit mêler du bleu de Saxe ou azur avec du bas Outremer, soit celui de dernière qualité, sans que cette épreuve fut concluante : mais si on détrempe à l'huile, on trouve qu'il a peu de corps sous le rapport de sa vivacité. On sait que les matières vitreuses du genre de l'azur ne présentent pas plus de corps que ne le feroit le sable porphyrisé. L'outremer traité à l'huile prend une teinte brune.

S'il suffit au peintre de jouir, dans toute sa plénitude, d'un don de la nature très-précieux à son art, sans éprouver le desir de connoître les principes de sa composition, il n'en est pas de même du naturaliste et du chimiste. Plus l'objet paroît précieux par les services qu'il rend aux arts, plus ils le considèrent comme offrant les plus beaux motifs de recherches.

Cette partie colorante n'a pas tardé à piquer la curiosité des Chimistes. Quelques-uns, guidés par des résultats particuliers, l'ont attribué au cuivre. D'autres se sont autorisés de l'extraction de quelques grains d'argent de certains *lapis*, pour en attribuer la couleur à ce métal. Margraff, célèbre chimiste de Berlin, prononce qu'on la doit à un état particulier du fer. Les sulfates de de fer (pyrites martiales) qui en relèvent souvent l'éclat portent à y admettre ce métal : Klaproth pense de même. Y seroit-il sous l'état de prussiate de fer (bleu de Prusse) modifié par le mélange du principe terreux ? Cette conjecture ne peut être jugée que par des expériences directes. Le cit. Guiton, de l'Institut national, a lu à la séance de germinal dernier, an VIII (1800), des observations sur la partie colorante du *lapis*, dont les conséquences seroient qu'elle est due à une combinaison particulière de fer et de soufre. Il a été amené à cette conclusion d'après le résultat d'une expérience faite au grand feu sur un mélange de poudre de charbon et de gyps coloré en rouge par le fer. Quand l'Outremer factice que ce chimiste en a tiré, ne répondroit pas aussi bien que l'Outremer naturel aux espérances des grands peintres, c'est toujours une découverte intéressante pour la théorie. Peut-être pourroit-il remplacer le prussiate de fer, que beaucoup de peintres n'emploient qu'avec défiance.

Bleu de Prusse.

Prussiate de fer.

Le Prussiate de fer (Bleu de Prusse) est le résultat de la combinaison du fer avec un acide d'une nature particulière, auquel on donne le nom d'acide prussique.

La découverte de ce bleu est due, comme beaucoup d'autres, à un heureux effet du hazard. Dippel, chimiste de Berlin, ayant jetté dans sa cour plusieurs liqueurs dont il ne devoit plus faire usage, ou enfin pour débarrasser son laboratoire, vit, avec surprise, que quelques-uns des pavés étoient recouverts d'un bleu très-éclatant. Il se rappella d'avoir jetté précédemment à la même place, des résidus de solution de sulfate de fer (de vitriol de mars, de vitriol vert); et comme les liqueurs dont il venoit de se débarrasser étoient de nature alcaline, et avoient servi aux rectifications répétées de l'huile de cornes de cerf, il crut trouver la clef d'une découverte qui lui parut précieuse. Il dirigea donc ses recherches vers ce but, et il parvint, après quelques expériences heureuses, à composer le bleu de Prusse par un procédé sûr.

Au commencement du 18me siècle, la chimie n'étoit guères qu'une science de résultats. Les théories appliquées à un certain ensemble de ces résultats, étoient souvent le fruit de l'imagination. Macquer, ce célèbre auteur du Dictionnaire de Chimie, paroissoit avoir fixé pour jamais les idées des chimistes sur la théorie du prussiate de fer, en supposant l'alcali complettement saturé d'une matière particulière, qu'il appella *matière colorante du bleu de Prusse*, et qu'il supposoit être de nature acide, d'après les caractères de son union avec l'alcali.

L'analyse animale, qui s'est si fort étendue sous l'empire de la chimie pneumatique, étoit alors couverte d'un voile épais : au moins ce que les Chimistes avoient pu en entrevoir se réduisoit à des apperçus assez uniformes. Cette matière colorante n'agissant que sous le manteau de la combinaison, échappant à tout moyen isolateur, à toute recherche directe, laissoit flotter l'opinion sur l'analogie ; et, à cet égard, Macquer avoit atteint les dernières bornes du génie.

En effet, en unissant le prussiate de potasse (l'alcali saturé de la partie colorante du bleu de Prusse) avec une solution de sulfate de fer (vitriol de mars), il avoit apperçu les effets d'une double décomposition et d'une combinaison double. L'acide prussique (partie colorante du bleu de Prusse) abandonnoit la base alcaline pour se porter sur le fer, qu'il convertissoit en bleu de Prusse ; tandis que l'acide sulfurique qui constituoit le sulfate de fer se portoit sur l'alcali abandonné, pour former un sulfate de potasse.

Cette substance particulière, désignée précédemment sous la dénomination de partie colorante du bleu de Prusse, est donc un acide. Aussi la nouvelle nomenclature lui donne le nom d'acide prussique. Son union avec le fer forme le prussiate de fer (bleu de Prusse), et son affinité avec ce métal est telle, que les acides minéraux les plus forts ne peuvent pas l'en séparer.

Les alcalis, la chaux l'enlèvent au fer. Ces substances s'en saturent, et sous cet état de saturation ils peuvent régénérer le prussiate de fer, lorsqu'on lui présente son métal favori combiné avec un acide. Cette circonstance devient indispensable pour effectuer la double décomposition et la double combinaison apperçues par Macquer.

Il étoit réservé à un des premiers Chimistes de nos jours de pénétrer plus avant dans les mystères que couvroit encore cette singulière combinaison. Bertholet s'occupa du bleu de Prusse, et il résulte de ses expériences que l'acide prussique est une combinaison d'azote, d'hydrogène et de carbone dont on ne connoit pas encore les proportions (c).

(c) La nouvelle nomenclature nomme Azote la partie de l'air atmosphérique qui ne peut pas servir à la respiration, ni à la combustion. L'atmosphère en contient trois parties, sous l'état de gas, par son union avec le calorique. Le gas oxigène, connu précédem-

Lorsque le prussiate de fer est pur , il ne diminue pas de volume dans les acides et sa couleur n'en acquiert pas plus d'intensité. Lorsqu'il perd de son volume, et qu'il gagne beaucoup dans le développement de sa couleur, c'est l'indice du mélange de l'alumine (base de l'alun), qu'on fait entrer très-souvent dans sa composition. Alors, pour l'avoir très-pur, il convient de le traiter avec l'acide muriatique (acide marin) , et de le laver avec de l'eau propre; on le jette sur un filtre pour en séparer l'eau et on le fait sécher.

---

ment sous le nom d'air pur, constitue environ la quatrième partie de l'air atmosphérique , sans y comprendre les mélanges accidentels d'autres fluides gazeux.

On nomme hydrogène la base de ce fluide qu'on connoissoit sous le nom de gas inflammable. Le mot hydrogène désigne une base : lorsqu'il est uni au calorique, il devient gas hydrogène. Cette expression n'a remplacé la première que depuis la découverte de la décomposition de l'eau, dont il est un des principes.

Le carbone est le charbon ordinaire dépouillé de l'hydrogène et de l'oxigène, qui s'y trouvent unis, suivant Bertholet.

Ces divers élémens sont abondans dans l'organisation animale. On ne peut donc pas s'étonner, si l'alcali traité au feu avec des substances animales , se sature de ces principes que le feu modifie de manière à en former un nouvel acide, sans le concours de l'oxigène qui paroissoit se réserver le privilège de l'acidification. Il est bon de revoir à cet égard la note (*a*), pages 6, 7, 8, 9 et 10, seconde Partie.

Cette substance colorante partage, avec bien d'autres produits des arts, les inconvéniens qui résultent d'un travail en grand. Sa couleur n'est pas uniforme et constante. Le prussiate commun est d'un bleu pâle, et présente même quelquefois une teinte verdâtre. Le mélange de l'alumine (terre d'alun) explique le premier effet ; mais la nuance de vert tient à l'état du prussiate de potasse qui n'est pas complettement saturé d'acide prussique. Dans ce cas la partie alcaline libre, c'est-à-dire, celle qui n'est pas occupée par l'acide, précipite une quantité rélative de sulfate de fer sous l'état d'oxide jaune, dont le mélange avec le vrai bleu de prussiate donne origine à une couleur composée, le vert. On sépare aisément cet oxide de fer par l'immersion du prussiate dans de l'acide muriatique (acide marin).

Le prussiate de fer remplit un assez grand rôle dans la peinture par impression, et même dans le grand genre de la peinture. Cependant il cache souvent un écueil pour le peintre. Broyé à l'huile il prend quelque fois une teinte jaune, que quelques grands maîtres corrigent avec un peu de lacque violette. Cette teinte jaune paroît dépendre de l'action de l'huile. Un autre défaut qui arrête encore et qui semble restreindre son usage, c'est que le bleu en est dur, et qu'il ne se marie pas convenablement avec ce bel incarnat qui fait le charme de la physionomie, quand

il est sagement coupé par de belles veines. L'outremer peut seul remplir cet office sous une main
savante.

Bleu de Saxe factice avec le Prussiate de fer.

On réussit à imiter le Bleu de Saxe en éten-
dant d'une terre divisée le prussiate de fer dans
le moment même de sa formation et de sa précipitation.

On verse sur la solution de six deniers, soit
144 grains (7,643 grammes) de sulfate de fer
(vitriol de mars), une solution de prussiate de
potasse (alcali de potasse saturé par l'acide prussique). Dans le temps même de la formation du
prussiate de fer, on ajoute dans le même vase
une solution de deux onces de sulfate d'alumine
(61,14 grammes) (d'alun) et on y verse en
même temps la solution de potasse, mais seulement la quantité présumée nécessaire pour décomposer le sulfate d'alumine ; car une dose
d'alcali surabondante à la décomposition de ce
sel pourroit altérer le prussiate de fer. Il vaut
donc mieux laisser un peu d'alun qu'on emporte
ensuite par le lavage.

Dès l'instant même de l'addition de la liqueur
alcaline, l'alumine précipitée se mélange exactement avec le prussiate de fer, dont elle diminue l'intensité en l'amenant au ton du Bleu de

Saxe ordinaire. On jette la matière sur un filtre ; on la lave avec de l'eau propre et on la fait sécher. C'est une espèce de cendre bleue dont l'intensité de couleur peut varier à raison de la plus ou moins grande quantité de sulfate d'alumine décomposé. On pourroit en appliquer l'usage à le peinture en détrempe.

Carmin.

N. B. Comme la préparation du Carmin présente une matière première à la composition des lacques carminées , et qu'il est lui-même une lacque du premier genre , on renvoie à traiter de sa composition à l'article de la préparation de lacque carminées. (*Voyez page* 60.)

Cendres bleues.

La nature présente , dans certaines parties des mines de cuivre, une matière colorée en bleu qui porte le nom de *Malachite.* Le plus souvent elle est en masse solide , mais quelquefois on la trouve en cristaux. La pulvérisation lui donneroit , à peu de chose près , l'apparence de cette poudre que les peintres designent sous le nom de *cendres bleues.* C'est un oxide cuivreux naturel (*voyez le mot oxide page* 8, 2de *partie*). Cependant quelque féconde que la nature puisse être en ce genre de production, la grande consommation qu'on fait de la cendre bleue ne permet pas de douter que cette matière, qu'on retiroit autre-fois d Allemagne et actuellement d'Angleterre, ne soit un résultat de l'art, dans lequel le cuivre est amené à un degré d'oxidation qu'il n'est pas toujours aisé d'imiter.

On a cru, pendant longtemps, que la cendre bleue étoit le produit d'une préparation dans laquelle la chaux, le muriate d'ammoniaque (sel ammoniac) et le cuivre dissous par un acide minéral, entroient comme parties agissantes et constituantes C'étoit au moins l'opinion assez fondée qu'en avoit donné un homme justement célèbre en chimie, Rouelle le cadet.

Il étoit réservé à son savant successeur Pelletier de réunir la synthèse à l'analyse qu'il en avoit faite, et de saisir les circonstances qui concourent ou qui s'opposent, dans le temps même du travail, au développement de la couleur bleue On trouve dans le tome XIII des Annales de Chimie, page 47 et suivantes, l'intéressant détail des procédés variés qu'il a suivis pour procurer à son pays le fruit d'une nouvelle fabrication.

La plupart des oxides métalliques obtenus par précipitation contiennent, outre une portion d'oxigène, assez d'acide carbonique (anciennement air fixe, union de l'oxigène au carbone). Il paroît démontré, d'après les résultats des expériences de Pelletier, *qu'on ne peut pas attribuer la couleur des cristaux de bleu du montagne ou malachyte bleue, et celle des cendres bleues à une combi-*

naison d'oxide de cuivre , de chaux et d'acide car-
bonique ; mais plutôt à un certain degré d'oxidation
du cuivre. Cette théorie , si je me le rappelle , se
trouve parfaitement en rapport avec celle que
Guiton de Morveau avoit donnée quelques années
auparavant , pour expliquer la cause de la différence de couleur du bleu et du vert de Montagne.

Ainsi toute précipitation du cuivre , ou tout
oxide naturel de cuivre suroxigèné , comme le
vert de montagne , ou malachyte verte , ne don-
neront pas le bleu , en les traitant avec de la chaux ,
et ils resteront constamment verts. Dans le procédé employé pour faire de la cendre bleue , la
chaux , suivant la remarque de l'auteur , paroît
agir sur l'oxigène contenu dans le précipité et
en diminuer les proportions. C'est à cette circonstance particulière qu'on doit la conversion
de la couleur bleue en une couleur verte qui est
constante dans les précipités de cuivre.

La manière de procéder pour la composition
des cendres bleues paroît simple au premier coup-
d'œil : cependant la réussite est souvent le fruit
d'une longue habitude. Comme des détails trop
circonstanciés ne peuvent pas trouver ici leur
place , je me bornerai aux points les plus essentiels du procédé. Une main exercée suppléera facilement au reste.

On dissout le cuivre à froid dans de l'acide
nitrique (eau forte) ; on en opère la précipitation
par l'intermède de la chaux vive dosée de ma-

nière

nière à ce qu'elle soit toute absorbée par l'acide , afin que le précipité soit un précipité de cuivre pur , c'est-à-dire, sans mélange. On décante la liqueur , on lave le précipité et on le fait égouter sur un linge : on étend une portion de ce précipité , qui est vert , sur une pierre à broyer et on ajoute un peu de chaux vive en poudre. La couleur verte est remplacée sur le champ , par une belle couleur bleue. La proportion de cette chaux ajoutée est de 7 à 10 parties sur 100. Lorsque la trituration est achevée on fait sécher le mélange. Comme toute la matière est déjà en consistance de pâte , la dessication n'est pas longue.

Le quintal de cette cendre bleue ainsi préparée, donne les mêmes proportions découvertes par Pelletier dans les principes composans de la cendre bleue d'Angleterre de première qualité, et qui sont :

Acide carbonique - -   30 parties.
Eau - - - - - - $3\frac{1}{3}$.
Chaux pure - - - - 7.
Oxigène - - - - - $9\frac{2}{3}$.
Cuivre pur - - - - 50.
————————
100

La cendre bleue convient à la détrempe et au Vernis. Elle n'est pas propre à la peinture à l'huile qui la rend très-foncée. Si on s'en servoit il conviendroit de l'éclaircir avec beaucoup de blanc.

Cendre verte.

La Cendre verte n'exige pas pour sa préparation les mêmes précautions que la cendre bleue. Elle est le résultat ordinaire de la précipitation du cuivre dissous dans l'acide nitrique (eau forte), opérée par l'intermède de la craie ou d'une marne blanche. Dans ce dernier cas, l'argille divisée qui en fait partie donne du liant à la cendre lorsqu'on l'emploie comme couleur. Si elle se trouvoit trop chargée de cuivre, elle seroit peu propre à la peinture à l'huile qui donneroit un vert trop foncé. Dans ce cas, on corrige par l'addition d'un peu d'oxide céruse ou de blanc d'Espagne.

Cette couleur convient cependant mieux à la détrempe; car pour la couleur à l'huile, le peintre y supplée avec plus d'avantage avec le vert-de-gris qu'il mêle alors avec de l'oxide céruse dans une proportion double ou triple. de celui ci, à raison du ton qu'il veut donner à son impression. Il peut avec de très-légères doses d'oxide verdet s'emparer des plus légères nuances du vert d'eau.

Cinabre. Vermillon.

Oxide de Mercure sulfuré rouge.

Les résultats des combinaisons métalliques qui constituent la plupart des mines, tiennent à un genre de phénomènes que la nature prépare en silence , qu'elle varie , et dont la connoissance étoit reservée à la chimie. Le Cinabre , cette combinaison naturelle de soufre et de mercure , nous en donne un apperçu. Sept parties de mercure et une de soufre composent cette masse brillante , aiguillée , d'une belle couleur rouge , et dont l'éclat est dépendant des justes proportions des deux principes composans ainsi que de la division la plus étendue possible. En effet , le cinabre ne prend une couleur exaltée que sous la molette. Ainsi divisé mécaniquement , il échange son nom de Cinabre pour celui de Vermillon.

Il est rare que la nature nous offre cette combinaison en grosses masses et cristallisée. L'art est plus avancé , puisqu'il le prépare très-en grand et pourvu de toutes les qualités qu'on y recherche. Ce travail s'exécute en Hollande , cette patrie des grandes manufactures.

On fait liquéfier du soufre dans de grandes jarres de terre cuite , ou dans des chauderons de fer , et on y mélange le mercure dans des doses reconnues nécessaires. Ces deux matières s'échauffent , par le seul effet de la combinaison , au point de s'enflammer. Quand ce résultat a lieu , la Cinabre se sublime plus aisément , parce que le soufre excédant à la combinaison se détruit. On met en poudre la matière refroidie et on la fait sublimer dans des vases de terre plats , qu'on recouvre de couvercles de même matière , qui se joignent à recouvrement. Ces vases sublimatoires sont distribués sur de longs fourneaux à sable , qu'on nomme galères , ou la sublimation n'a lieu que par un feu très-vif.

Si la première sublimation ne présente pas un Cinabre capable de développer sur le porphyre une belle couleur , on lui fait subir une nouvelle sublimation , dont l'effet est de détruire la partie de soufre excédente à celle qui est essentielle à la plus grande perfection de la combinaison , rélativement au ton de couleur que le beau Vermillon exige.

L'éclatante couleur, le beau Vermillon qui recouvre les trains des équipages de luxe , est dû à cette composition. On la destine aussi à la peinture de l'intérieur des buffets de service, à la coloration de la cire d'Espagne , et en général à toute décoration qui demande en ce genre, une couleur haute, solide , et agréable à l'œil. Ainsi il est propre à tous les genres de peinture.

Le Vermillon ne connoît pour émule que le carmin , dont le genre moëlleux et moins vif n'a pas moins de prix à la vue.

Jaune de Naples.

Oxide jaune de Plomb , mêlé d'oxide blanc d'Antimoine par le Nitre.

La connoissance qu'on a sur la nature du jaune de Naples n'est pas d'une ancienne date. On lui croyoit une origine volcanique et on lui attribuoit des qualités arsenicales, à raison de sa couleur jaune qui lui donnoit quelque ressemblance avec l'orpin, et à cause de la couleur verte que le fer et l'acier lui procuroient. Cet effet généralement connu des peintres leur fait une loi de se servir du porphyre et de la spatule d'yvoire lorsqu'il est question de le broyer.

Toutes ces incertitudes ont été enfin éclaircies par la découverte chimique de cette composition qu'un seul napolitain, avancé en âge, avoit le secret de préparer. En ne s'arrêtant qu'à la circonstance de l'âge du seul possesseur du secret, et à l'usage étendu qu'ou fait de cette préparation également utile à tous les genres de peinture, sans en excepter celle qu'on applique aux émaux et à le porcelaine, on peut apprécier le mérite des recherches de Fougeroux qui est parvenu à donner une composition d'un effet certain, et tel, en un mot, qu'on pouvoit le désirer.

Le possesseur du secret mêloit du plomb calciné avec un tiers de son poids d'antimoine pilé et tamisé, et il exposoit ce mélange au four du fayancier. Fougeroux de Bondaroy est arrivé au même résultat en modifiant la formule de la manière suivante : (*Mémoire de l'Académie des Sciences de Paris* 1772).

Composition.

On prend 12 onces d'oxide céruse (366,86 grammes) 2 onces (61,14 grammes) de sulfure d'antimoine (d'antimoine ordinaire), demi once (15,28 grammes) de sulfate d'alumine calciné (d'alun calciné), et une once (30,57 grammes) de muriate d'ammoniaque (de sel ammoniac).

On réduit ces matières en poudre ; on les mêle exactement et on les place dans une capsule ou assiette de terre à creuset, qu'on recouvre d'un couvercle de même matière. On calcine à un feu doux d'abord et qu'on augmente peu à peu, de manière à rougir médiocrement la capsule. L'oxidation qui résulte de ce procédé demande au moins trois heures de feu pour être achevée. On en obtient le jaune de Naples qu'on broye à l'eau sur un porphyre en ne se servant que d'une spatule d'yvoire ; le fer altéreroit la couleur. On fait ensuite sécher la pâte qu'on conserve pour le besoin. C'est un oxide jaune de plomb et d'antimoine.

L'auteur observe que les doses ne sont pas tellement précises qu'on ne puisse les changer. On le doit même si on cherche à donner au jaune une couleur dorée : dans ce cas on augmente les proportions du sulfure d'antimoine et du muriate d'ammoniaque. De même, si on desire qu'il soit plus fusible, on augmente les quantités du sulfure d'antimoine et du sulfate d'alumine calciné.

(55)

J'ai fait l'observation que le sulfure d'antimoine qui contient un peu de fer, comme celui de Savoye, et quelque fois celui d'Auvergne, et qui par cette raison prend, après son oxidation, une couleur jaune, est le plus propre pour ce genre de composition. J'ai suppléé plusieurs fois à cet accident naturel en remuant avec une spatule de fer doux l'oxide blanc d'antimoine par le nitre, encore en fusion (diaphorétique minéral).

Il nous venoit d'Angleterre une espèce de jaune de plomb en plaques épaisses d'un demi pouce, et dont la tranche présentoit une belle cristallisation aiguillée. Les peintres qui en faisoient usage savoient, sans aucun détail, que le muriate de sonde (sel marin, sel de cuisine) entroit dans cette préparation dont nous donnons ici le procédé.

Oxide jaune de Montpellier.

Oxide jaune de Plomb par l'Acide Muriatique.

Le cit. Chaptal, alors professeur de chimie à Montpellier, a naturalisé en France cette préparation en en établissant une fabrique dans sa ville natale. Le même procédé lui fournissoit la matière propre à faire le jaune métallique, et séparoit en même temps l'alcali de la soude qui sert de base au sel marin. A cette époque, le Gouvernement de France encourageoit les Chimistes à s'occuper des moyens d'obtenir ce sel alcali à un prix qui put soutenir la concurrence avec la potasse qu'on tiroit de l'étranger, et la remplacer en temps de guerre. On peut en réduire les proportions au besoin.

On prend quatre quintaux (195,658,40 kilogrammes) d'oxide vitreux deplomb (litharge) bien tamisé qu'on distribue, par portions égales, dans quatre vases de terre vernissée.

On opère d'un autre côté la solution d'un quintal (48,914,60 kilogrammes) de muriate de sonde (sel marin), avec environ quatre quintaux d'eau (195,658,40 kilogrammes).

On verse un quart de cette solution dans chacun des quatre vases de terre pour former une pâte de légère consistance. On la laisse en repos pendant quelques heures; et lorsqu'on apperçoit que la surface commence à blanchir, on remue avec une forte spatule de bois. Sans ce mouvement elle acquéreroit une trop grande dureté, et une partie du sel échapperoit à la décomposition.

A mesure que la consistance augmente, on délaye, avec une nouvelle mise de solution : enfin, si celle-ci ne suffit pas, on a recours à l'eau simple pour maintenir le même état de consistance. La pâte est alors très-blanche, liée et sans grumeaux dans l'espace de 24 heures. On la laisse encore autant de temps, en la remuant par intervalles, pour achever la décomposition du sel.

On lave la pâte convenablement pour emporter

la soude caustique (soude privée de l'acide carbonique) qui la baigne ; et pour l'extraire en
totalité, on met la masse dans des linges forts et
on la soumet à la presse.

On distribue la pâte restante dans des vaisseaux
plats, auxquels on applique le feu pour opérer une
oxidation (calcination) convenable qui la convertit en une matière jaune, solide , brillante , quelquefois cristallisée en stries transversales. C'est
le jaune de Montpellier qu'on peut appliquer aux
mêmes usages que celui de Naples.

Dans ce mélange de l'oxide vitreux de plomb
avec le muriate de soude en solution dans une suffisante quantité d'eau , ce dernier sel se décompose. L'acide muriatique abandonne l'alcali de la
soude qui lui servoit de base et se porte sur l'oxide
vitreux de plomb , qu'il convertit en muriate de
plomb ; et enfin , à l'aide du calorique (du feu)
en oxide jaune de plomb. La soude séparée par
les lavages est caustique , c'est-à-dire , pure et
sans mélange d'acide carbonique. En la laissant
exposée à l'air , elle se charge de l'acide carbonique (autrefois air fixe) répandu dans l'atmosphère , et devient cristallisable. C'est alors le
carbônate de soude (sel de soude). On retire de
ce mélange 75 livres (36,685,95 kilogrammes)
de soude plus pure que celle du commerce.)
(*Consultez le Journal de Physique Août* 1794).

Indigo.

L'Inde orientale, les îles de l'Amérique, comme St. Domingue, Cayenne, etc. Ainsi que quelques contrées du continent américain, comme le Brésil, le Pérou, etc. produisent une plante que les espagnols appellent *anillo*, en françois anil, dont les sucs soumis à la fermentation spiritueuse dégagent une fécule de couleur bleue, ou d'azur foncée, qui nous parvient ensuite sous la forme de morceaux carrés, applatis, nets, peu durs, nageant sur l'eau, inflammables et se consumant au feu presqu'entièrement.

Le meilleur et le plus estimé, porte le nom d'indigo Guatimala. Ce nom est emprunté de celui de Guatimala, ville des Indes occidentales où on le prépare très-en grand et avec le plus de soins.

Lorsqu'on le frotte sur l'ongle, il laisse une trace qui imite le coloris de l'ancien bronze. Ce caractère est toujours recherché, et quand l'indigo le possède bien, il porte le nom d'indigo cuivré.

Il nous vient aussi du Brésil une fécule bleue ou de couleur violette foncée, surchargée de pur- purin, qui porte le nom d'Inde. Elle diffère de l'indigo, en ce qu'elle est produite par la feuille, au lieu que toutes les parties extérieures de l'anil contribuent au développement de l'indigo ordi- naire.

L'indigo présente au travail de la pulvérisa-

tion le même inconvénient que certaines substances colorantes dont l'argille fait la base. On abrége
l'opération en plaçant trois à quatre boulets de huit
dans une bassine de cuivre, spacieuse, à fond
sphéroïde, avec la quantité d'indigo qu'on veut
pulvériser. Un léger mouvement circulaire pro-
curé par les deux mains à la bassine qu'on tient
sur une table, suffit pour faire rouler les boulets
sur la matière et pour la diviser mieux que par
contusion et par le tamis où elle se pelotonne plutôt que de passer.

L'inde et l'indigo ne peuvent servir que pour
la peinture en détrempe, avec ou sans Vernis. Il
ne conviennent pas à la peinture à l'huile qui les
noircit ou les verdit et avec laquelle ils perdent,
en séchant, une partie de la vigueur de leur ton.
Pour l'ordinaire on n'employe pas l'indigo pur,
on le mêle toujours avec du blanc. Pur, il deviendroit noir. La céruse, l'indigo et une pointe
de noir, en suivant de justes proportions, donnent une belle couleur gris de perle azuré. C'est
avec l'indigo appliqué à la détrempe qu'on peint
les ciels, la mer et toutes les parties fuyantes
d'une vue.

L'usage de l'indigo n'est pas borné à la peinture
en détrempe, on peut l'étendre par quelques procédé chimiques jusqu'à la peinture en miniature.
L'indigo pénétré d'acide sulfurique (huile de vitriol) sous l'état d'une solution étendue d'eau, donne
à la laine et à la soie le beau bleu solide de Saxe.

Ce bleu d'indigo et le jaune d'indigo produit par l'acide nitrique (eau forte) fournissent, dans certaines proportions, le beau vert solide qu'on peut appliquer à la peinture en miniature qui sert d'ornemens aux éventails de soie, etc.

Ces trois couleurs demandent à être fort affoiblies avec de l'eau, lorsqu'on en réserve l'application à des fonds de papier. De même aussi le mucilage convenable à cette dernière peinture doit être extrait, non de la gomme arabique , mais de la gomme adraganthe qui a plus de corps.

Les ouvrages à consulter sur le travail de l'indigoterie sont : les mémoires de Quatremere d'Isjonval , couronnés en 1777 par l'Académie des Sciences de Paris , le Journal de Physique qui en donne le précis, Juillet 1777.

Des Laques.

Le mot de laque ou lacque, dont nous nous servons ici pour exprimer une composition de couleur qui joue le premier rôle parmi les compositions des Pastels, ne doit pas être confondu avec celui qu'on applique communément à une sorte de résine, la résine laque , ou à la laque plate, qui n'est que la même résine à laquelle on fait subir une préparation particulière. Les laques carminées, les laques pastels sont, pour l'ordinaire, le produit de la décomposition du sulfate d'alumine (de l'alun) par une substance qui s'empare de l'acide sulfurique et qui met en liberté l'alumine qui lui servoit de base. Cette terre, en se précipitant, s'unit à la fécule colorante végétale ou animale qui passe dans le bain. C'est cette fécule colorante, unie à l'alumine, qui constitue les différentes laques carminées, les laques pastels, dont la distinction ne se borne pas seulement à la résine laque, mais comprend également les compositions de couleurs qui servent de fond aux vernis chinois, nommés aussi laques et dont le genre fait encore distinction, puisqu'il est masculin. Il paroît que le mot de laque est d'origine indienne, et qu'il n'y est employé que pour exprimer une couleur, ou une partie colorante solide : il auroit donc une acception particulière qu'on a un peu généralisé dans notre langue.

Le travail des laques pastels, qui a donné naissance à un genre de peinture particulier, n'est pas restreint au procédé chimique que nous venons d'indiquer ; il en est un plus simple et moins dispendieux, c'est celui qui sert de base à la préparation des stils de grains. Il consiste à détremper, avec le bain coloré, une matière argilleuse de première qualité, en soumettant le tout à une évaporation ménagée ; ou bien en exposant la pâte liquide sur des séchoirs de plâtre recouverts d'un linge propre, pour obvier à l'adhérence de la laque avec le séchoir.

Cette méthode est plus économique que celle

qui exige le procédé chimique ; mais elle prescrit un choix très - sévère pour la qualité du
blanc qu'on destine à ce travail , et sur - tout
la précaution des lavages préliminaires , pour
emporter les parties sablonneuses fines qui altèrent les plus belles argilles blanches.

La variété qu'on observe sur le ton des lacques
s'étend aussi sur leurs qualités : elles résistent
plus ou moins à l'impression de l'air et de la
lumière, selon la nature des substances dont on
les retire. Les plus recherchées sont celles qui
portent le nom de *laques carminées* , quelque
soit d'ailleurs l'intensité de leur ton de couleur,
parce que l'expérience démontre que ce sont
celles qui opposent l'obstacle le plus soutenu
à l'influence destructive de la lumière. Leur partie colorante est extraite de la cochenille dont
la valeur numéraire est augmentée par ses qualités intrinsèques dans les diverses préparations
qui enrichissent les arts de la teinture , de l'indienneur et de la peinture. On les imite avec
des parties colorantes extraites de certaines substances végétales ; mais celles-ci ne présentent que
de fausses lacques carminées , en ce que leur
partie colorante est facilement altérée par l'action combinée de l'air et de la lumière. Ces
dernières parties colorantes ne sont cependant
pas dénuées de valeur lorsqu'on les réserve à
des objets passagers , comme dans la fabrication
des toiles peintes , de papiers colorés , etc ; mais

elles doivent être entièrement proscrites de l'atelier du peintre qui envie le jugement de la postérité. Le surnom de *carminées*, qu'on ajoute aux lacques recherchées, dérive d'une suite d'opérations sur la composition du carmin qu'on extrait de la cochenille.

Il n'est pas aussi facile que plusieurs personnes le croient, de reconnoître si une lacque est vraiment extraite de la cochenille, ou si elle dérive d'une préparation faite avec une substance végétale colorante. On est parvenu par l'effet de certains réactifs, et par divers mélanges à donner un tel éclat à des lacques inférieures que les peintres les plus exercés sont encore embarrassés sur leur choix. La crainte qu'ils éprouvent sur l'emploi de couleurs incertaines, les rend timides ; et souvent elle leur fait négliger des couleurs dont ils ne peuvent pas prévoir la durée ; les lacques sont de ce nombre. L'infidélité des moyens qu'on désignoit comme très-propres à fixer leur choix à cet égard n'a servi qu'à augmenter leur incertitude. Le vinaigre, disoit-on, jaunit sur le champ les lacques, dont la partie colorante appartient au bois de Brésil, à la garance, etc. Nous verrons bientôt combien doit être foible le degré de confiance à établir sur des procédés dont les résultats exigent plus de temps qu'un Artiste occupé n'en peut consacrer pour les saisir. J'ai cru que cet objet étoit assez important pour mériter des recherches particulières, et que je pouvois m'en charger. Dans cette vue, j'ai préparé quelques lacques carminées, ainsi que des fausses lacques carminées, pour les soumettre à l'action de quelques réactifs. C'est pour cette raison que je désigne chaque préparation par un numero particulier, pour faciliter leur indication dans un tableau séparé qui présente des résultats d'expériences comparatives : je le place à la fin de cet article.

Carmin.

Cette espèce de fécule si féconde en transitions de tons par l'effet des mélanges, si agréable à la vue dans toutes ses transitions, si utile aux peintres, si amie de la beauté délicate, le Carmin, dis-je, n'est que la partie colorante d'une espèce de progalle - insecte désséché qu'on connoît sous le nom de cochenille.

Le mélange de 36 grains (1,910,7 grammes) de graine de chouan ; de 18 grains (975,3 milligrm.) d'écorce d'autour ; d'autant de sulfate d'alumine (alun), jetté dans une décoction de six gros (22,92 grammes) de cochenille en poudre sur cinq livres (2,445,73 kilogrammes) d'eau, donne, dans l'intervalle de cinq à dix jours, une fécule rouge qui étant séchée pese 40 à 48 grains (2,123 à 2,424,6 grammes). C'est le carmin. La décoction restante est encore très-colorée. Elle sert au travail des laques carminées.

Laque

Lacque carminée. Pastel carminé. N°. 1.

La décoction qui surnage le précipité coloré qui porte le nom de Carmin, est encore très chargée de couleur : l'addition du sulfate d'alumine qu'on décompose ensuite avec une solution de carbonate de soude (sel de soude) dégage l'alumine qui, en se précipitant, entraîne avec elle la partie colorante du bain. Sur la dose prescrite pour la composition, on peut employer deux à trois onces d'alun (91,71 grammes). Le plus ou le moins de cette substance, dont la base s'empare de la fécule colorante, détermine l'intensité plus ou moins grande qu'on observe dans le ton de couleur de la Lacque qui en résulte. Lorsqu'on travaille en petit et comme par essai, on reçoit le précipité sur un filtre de papier ; on le lave avec de l'eau chaude et lorsqu'il a acquis la consistance d'une pâte molle, on en forme de petites plaques, ou de petits bâtons. C'est cette matière qui constitue les belles Lacques carminées en crayons qu'on destine à la peinture en pastel. Peut-être ce mot tire-t-il son origine du latin de *pasta*, en françois pâte, consistance attachée à la préparation des parties colorantes qui y sont consacrées.

Dans le travail en grand, on peut diviser en trois ou quatre portions séparées la totalité de la liqueur alcaline de soude qu'on juge nécessaire, d'après des essais, pour décomposer tout l'alun qu'on a le dessein d'employer. On dispose autant de filtres de toile qu'il se trouve de portions alcalines. On projette la première portion de liqueur alcaline, et on reçoit sur un des filtres le précipité coloré qui en résulte ; la liqueur colorée qui traverse le filtre reçoit la seconde portion de liqueur alcaline qui occasionne un second précipité qu'on reçoit sur un nouveau filtre ; on continue ainsi le travail jusqu'à l'emploi de la dernière portion de liqueur alcaline. On lave à l'eau chaude les Lacques déposées sur les filtres ; et lorsqu'elles sont égouttées , on les porte avec leur linge sur des séchoirs de plâtre. (Ces séchoirs sont faits de plâtre gaché en forme de bassins épais) ou sur des lits de briques neuves. Ces séchoirs ou ces briques pompent l'humidité de la pâte et abrégent le travail. La première précipitation donne une Lacque carminée très-haute en couleur : la seconde est un peu moins foncée et ainsi de suite. C'est par ce moyen qu'on obtient d'un même bain des nuances de couleur infiniment variées et bien plus délicates , plus moëlleuses que celles qui résultent d'un mélange mécanique d'une argille blanche en doses variées à une Lacque saturée de couleur par une seule opération , pour arriver ensuite par ces derniers mélanges aux diverses teintes que l'art exige.

Si le compositeur de pastels préfère , pour ces préparations, le mélange du bain de cochenille avec une argille blanche bien lavée et de première qualité , il peut arriver aux mêmes nuances en délayant avec une mesure de décoction de cochenille des quantités différentes d'argille. Par exemple, une livre (489,14 grammes) de décoction saturée de couleur, avec un quart de livre d'argille (122,28 grammes); la même quantité de décoction avec une demi livre (244,57 grammes); avec une livre (489,14 grammes) d'argille, et ainsi de suite. Ce travail, qu'on suit à l'instar de celui des stils de grains, est plus prompt que celui qu'on exécute par voie de décomposition chimique avec l'alun et l'alcali ; les Lacques qu'on obtient sont très-belles ; mais à moins que l'argille ne soit de la première qualité, elles n'ont jamais le vif, le velouté, le moëlleux des premières, qui trouvent dans les matières salines, dont on fait usage, un mordant que la seconde méthode ne leur présente pas. Dans cette dernière on supprime les lavages qui deviennent indispensables dans la première, pour emporter le sel qui résulte de la nouvelle combinaison.

On peut donner à la partie colorante de la cochenille, un très-beau ton de rouge violet et même de rouge pourpre, en ajoutant au bain coloré de cochenille de la dissolution d'étain dans l'acide nitro - muriatique (eau régale). L'effet a plus d'étendue si on remplace cette dissolution par celle du muriate oxigéné d'étain (liqueur fumante de Libavius).

L'addition de l'arseniate de potasse (sel neutre arsenical) m'a présenté des nuances qu'on chercheroit en vain avec le sulfate d'alumine (alun). E 2

*Autre manière de préparer la Lacque carminée,
en prenant la partie colorante dans la bourre
de l'écarlate.*

On peut encore composer une Lacque carminée,
sans se servir directement de la cochenille; mais
en cherchant sa partie colorante dans une subs-
rance qui en est imprégnée , comme le drap
écarlate.

On met dans un chauderon une livre (489,14
grammes) de belle cendre gravelée dans 40 livres
(19,565,84 kilogrammes) d'eau qu'on fait bouillir pendant un quart d'heure : on filtre la solution
par une toile serrée jusqu'à ce qu'elle passe
claire.

On la remet sur le feu et on la fait bouillir.
On y ajoute alors deux livres (978,29 grammes) de bourre tontisse , ou coupons d'écarlate
teints en cochenille, qu'on fait encore bouillir
jusqu'à ce qu'ils deviennent blancs : on filtre de
nouveau et on presse l'écarlate pour enlever toute
la partie colorante.

On remet la liqueur filtrée dans un chauderon
propre qu'on place sur le feu. Lorsqu'elle est
bouillante on y verse la solution de 10 à 12 onces (366,86 grammes) d'alun dans deux livres
(978,29 grammes) d'eau de fontaine qu'on aura
filtrées après. On remue le tout avec une spatule
bois jusqu'à ce que l'écume qui se forme soit dis-

sipée. On le verse sur un filtre de toile après y avoir mêlé deux livres d'une forte décoction de bois de fernambouc. Après la filtration on lave le sédiment avec de l'eau de fontaine, et on transporte le filtre de toile qui en est chargé sur des séchoirs de plâtre ou sur un lit de briques neuves. Il résulte de ce travail une belle Lacque ; cependant elle n'a pas le velouté de celle qu'on obtient par la première méthode. D'ailleurs la partie colorante du fernambouc qui se joint à celle de la cochenille qui constitue la bourre tontisse où l'écarlate diminue, dans une proportion rélative, l'inaltérabilité attachée à la partie colorante de la cochenille. Ce travail exige une grande propreté, soit dans les vaisseaux qu'on emploie, soit enfin dans les matières qui concourent à la formation du précipité coloré. C'est pour cette raison qu'on devroit remplacer la cendre gravelée par la potasse purifiée.

Dans cette préparation le sulfate d'alumine (l'alun) subit une décomposition par la présence de la liqueur alcaline, ou solution de cendres gravelées, qui est un carbonate de potasse. L'alumine, en se précipitant, s'empare de la fécule colorante de la cochenille que la bourre tontisse ou d'écarlate a abandonné à l'alcali.

Après le travail, on expose au soleil les séchoirs de plâtre ou les briques qui ont soutiré l'eau du précipité, pour servir à une autre opération.

Cette méthode est plus compliquée que les précédentes. D'ailleurs, elle n'est pas économique pour les préparateurs de Lacques qui seroient à une distance éloignée des tondeurs de draps. Les bourres tontisses sont assez recherchées par les fabriquans de papiers peints, ce qui les soutient à un prix qui écarte d'en l'entreprise de la faire servir à la préparation des Lacques carminées. C'est aussi le seul procédé que je n'aie point répété.

Rouge de toilette.

Le Carmin uni au talc dans des proportions variées, forme le rouge de toilette. Le talc porte aussi le nom de craie de Briançon. C'est une substance composée en grande partie d'argille unie naturellement avec de la silice.

Le carmin ainsi que les lacques carminées, c'est-à-dire, celles dont la partie colorante est empruntée de la cochenille, sont les plus estimées de toutes les compositions de pastels en ce genre, parce que leur partie colorante se soutient sans dégradation. Il est même des cas où l'addition de l'ammoniaque caustique, qui altère tant de parties colorantes, est employée pour exalter sa couleur. C'est dans cette vue que les peintres enlumineurs en font usage.

Fausses Lacques carminées, dans lesquelles la partie colorante est étrangère à celle de la Cochenille.

Lacque N°. 2. *Lacque carminée extraite de la Garance.*

Malgré la défaveur qui semble poursuivre les lacques extraites des substances végétales, le cit. Mérinet, peintre habile, a trouvé dans la racine de la garance une substance colorante à laquelle l'addition du sulfate d'alumine (de l'alun) donne un ton de rouge pourpré très-chaud , très-éclatant , et d'une solidité qui place cette lacque fort au-dessus de celle qu'on obtient de la décoction du bois de Brésil. Tel est au moins l'énoncé que j'en ai vu. (*d*).

(*d*) Certaines substances salines , que les Chimistes et les compositeurs de couleurs emploient comme réactifs ou comme mordans , ont une influence très-marquée sur plusieurs parties colorantes végétales : elles les modifient d'une manière particulière et absolument dépendante de leur état de composition. Quoique l'expérience acquise paroisse avoir limité le nombre de ces réactifs, il est présumable que de nouvelles recherches, dirigées sur les nombreuses combinaisons salines qu'on connoît dans les laboratoires de chimie, et sur-tout sur celles dont la base est métallique , présenteroient encore de nouvelles ressources à l'art

Pour faire la lacque à la garance le procédé suivant m'a parfaitement réussi. L'expérience d'ailleurs éclaire assez vite sur la connoissance des doses convenables de la substance principale et des réactifs. On fait bouillir une partie de garance dans douze à 15 parties, soit douze à quinze livres

du compositeur de couleurs, de l'indienneur, du teinturier, etc.

L'organisation animale, et le mouvement qui constitue la vie, paroissent donner, dans quelques circonstances, des résultats assez ressemblans à ceux qu'on observe avec certaines parties colorantes végétales ou animales, soumises à l'influence des agens chimiques. La partie colorante du figuier d'Inde sur lequel la cochenille prend tous ses accroissemens, et dont elle se nourrit, reçoit vraisemblablement, de la part de l'insecte, toutes les qualités qui la mettent si fort au-dessus de toutes les fécules colorantes du même ton. Il en est sûrement de même de celle de la Garance, qui échappe au mouvement de la digestion lorsqu'on mélange cette racine aux alimens; et qui donne aux os une teinte aussi vive que lorsqu'on la traite à l'alun. Il n'est pas moins présumable, que la partie colorante solide, qui remplit les alvéoles de la résine laque, et que les Indiens ont grand soin de séparer avant de répandre cette résine dans le commerce, est un extrait de la substance même qui sert de nourriture à l'espèce de fourmi qui la dépose sur les branches du jujubier. Sans doute, toutes ces parties colorantes particulières reçoivent, de la part des humeurs animales, cette solidité de teintes qui leur est particulière.

d'eau propre, et on continue l'ébullition jusqu'à ce que la liqueur du bain soit réduite à deux livres environ (978,29 grammes). On passe cette décoction par un linge fort que l'on exprime; on ajoute à la décoction quatre onces d'alun (122,28 grammes). La teinte alors est d'un beau rouge éclatant, qu'elle conserve, si on fait le mélange avec une argille propre. Dans ce cas on expose la bouillie épaisse qui en résulte sur un filtre à linge qui reçoit un simple lavage pour emporter l'excédent d'alun. La laque qu'on retire des séchoirs conserve cette couleur primitive éclatante donnée par l'alun.

Mais si pour le travail de cette lacque, on agit par décomposition en présentant au bain une liqueur alcaline, l'alun qui se décompose prive le bain de son mordant et la lacque qu'on en obtient après les lavages subséquens paroît avec la couleur du bain de garance sans addition : elle est d'un rouge brun. Pour ce second travail, il faudroit employer sept à huit onces d'alun (244,57 grammes) pour chaque livre de garance (489,14 grammes).

Ce genre de lacque obtenue par décomposition est très fine; mais elle n'a pas le rouge vif qu'on recherche; on peut cependant le lui procurer si on détrempe avec une eau alumineuse le précipité lavé et avant qu'il soit sec.

Si on aiguise le bain aluminé de garance avec l'acétite de plomb (sel de saturne), ou avec l'arseniate de potasse (sel neutre arsenical) , on obtient par l'addition du carbonate de soude (alcali minéral) une lacque rose , dont la couleur est plus ou moins développée. C'est celle qui se trouve désignée par le N°. 3 dans le tableau de comparaison.

Lacque N°. 4 , *au bois de Brésil.*

Le Bois de Brésil présente au travail des lacques dites carminées deux couleurs différentes et très-riches, si on varie le procédé qui facilite le transport de sa partie colorante sur l'alumine dégagée de l'alun , ou sur l'argille propre. On obtient ces deux nuances en faisant usage de la décomposition chimique , ou par un simple mélange sans décomposition. Voici les deux procédés que j'ai suivis.

Vingt-quatre onces (733,72 gram.) de copeaux de bois de Brésil, bouillis dans 15 livres d'eau propre (7,337,19 kilogram.) jusqu'à la réduction d'une livre et demie à deux livres , (978,29 gram.) donnent une couleur rouge foncée tirant sur le violet ; l'addition de 4 à 5 onces d'alun (152,85 gm.) développe une couleur rouge très-éclatante et tirant sur le rose. Si après avoir passé la liqueur dans un linge , on ajoute avec précaution , à cause de l'effervescence qui a lieu, 4 onces de carbonate de soude (alcali de la soude), la couleur qui , par cette addition, se trouve privée de son mordant , reprend sa première teinte , et dépose une lacque d'un rouge violet très-riche et très-moëlleux, après avoir été lavée et séchée convenablement.

Si, pour cette précipitation, on n'emploie que la moitié de la dose d'alcali minéral, la teinte de la lacque s'éclaircit, parce que le bain conserve encore du mordant alumineux non décomposé.

Enfin, si on suit la méthode employée pour les stils de grains, en mêlant à une argille pure, comme le présentent le blanc d'Espagne et le blanc de Morat, la décoction aluminée du bois de Brésil, et qu'on dépose le mélange sur un filtre pour y recevoir le lavage nécessaire, on retire des séchoirs une lacque munie d'une couleur rose foncée et très-éclatante. La lacque que j'ai préparée de cette manière, en me servant de l'argille pure de Morat, est désignée sous le N°. 5, dans le tableau de comparaison.

La première lacque est plus dure que cette seconde, parce qu'elle conserve, malgré le lavage, des sels qui adhèrent fortement à l'argille; mais la seconde est trop douce. Sa couleur, exaltée par le mélange de l'alun, paroît avoir sur la lacque aluminée de Garance un privilège qui la rapproche des lacques faites avec le bain de cochenille; puisque, suivant des expériences dont je vais présenter le tableau, elle présente à-peu-près la même résistance à l'effet de certains réactifs.

On peut extraire, par les mêmes procédés,

une fort belle lacque de la décoction du bois d'Inde ou de Campèche. En général, on peut extraire des lacques de toutes les couleurs, et de toutes les nuances de ces mêmes couleurs, avec les substances qui abandonnent leur partie colorante dans l'eau bouillante, parce qu'on la communique ensuite, par voie de décomposition, à l'alumine précipitée du sulfate alumineux par l'intermède d'un alcali ; ou bien on mélange la teinture avec une substance argilleuse pure et très-blanche, comme le vrai blanc d'Espagne, ou le blanc de Morat. C'est le propre de l'alumine et de toutes les argilles de contracter une espèce de combinaison avec toutes les substances huileuses ou résineuses divisées, avec lesquelles elles se trouvent en contact, et de les retenir ; cette propriété les constitue pierres ou terres à détacher. Sous le nom de terre à foulon, quelques-unes d'entr'elles sont recommandables pour le dégraissage des laines.

Lorsqu'on prépare les lacques par l'intermède de l'alun, qu'on décompose par l'application d'une liqueur alcaline, on doit donner la préférence au carbonate de soude (sel de soude), sur le carbonate de potasse (alcali de potasse); parce que le nouveau sel qui résulte de la décomposition du sulfate d'alumine, par l'intermède du premier, est infiniment plus soluble que celui qui seroit formé par la potasse. Alors le lavage de la lacque s'en fait mieux, et il ne reste

aucun sel étranger qui les rend dures, et quelquefois efflorescentes : enfin le précipité est plus
lié et plus doux. D'ailleurs ce travail, pour
plus d'exactitude, exigeroit l'emploi d'un carbonate de potasse pur ; et il est plus aisé de
remplir cette condition avec la soude qu'avec la
potasse, quoique la soude ne soit jamais pure.

Les lacques entrent dans la composition des
couleurs solides. Elles peuvent servir à colorer les
vernis mutatifs à l'alcohol : mais il seroit plus simple, pour ce cas particulier, d'extraire la teinture de la cochenille même, puisqu'on ne cherche
que la partie colorante.

Nous avons avancé plus haut qu'on croyoit assez
communément qu'il étoit facile de distinguer,
par l'emploi des acides végétaux, les vraies lacques carminées dont la partie colorante appartient à la cochenille, d'avec celles dans lesquelles cette partie colorante seroit un produit végétal. Celles-ci, à ce qu'on annonce, ne soutiennent
pas les épreuves de l'immersion sans devenir jaunes. Les essais ne paroissent pas avoir répondu à
la confiance qu'on étoit disposé d'accorder à ce
genre de procédé, puisque cette recherche paroît faire encore le tourment de quelques Artistes, qui redoutent de se servir des lacques dans
des compositions qu'ils confient à la postérité.
C'est plutôt cette dernière raison que la crainte
d'un sacrifice précuniaire pour un objet d'une valeur inférieure, qui doit faire désirer de connoître

plus particulièrement les moyens de se soustraire à ce genre de fraude. Ce sont cependant ces deux motifs d'intérêt qui ont dirigé mes recherches, en soumettant aux efforts de divers réactifs, les cinq espèces de lacques dont je viens d'exposer la composition assez en détail, pour qu'on puisse appliquer, avec fruit, ce travail à toute autre substance munie d'une partie colorante soluble à l'eau. Je présente ici le tableau comparatif des effets résultans de divers procédés employés. Les expériences ont été faites dans de grands verres de montre exposés à l'air : et comme l'impression de la lumière influe d'une manière plus sensible sur certaines parties colorantes que sur d'autres, j'ai cru devoir soumettre les mélanges à son influence.

Les réactifs agissent diversement sur la même substance. Les uns ne demandent que le contact du moment pour produire leur effet, tandis que d'autre exigent plus de temps et ne se manifestent qu'après avoir opéré une espèce de solution. Cette circonstance, que je ne pouvois pas saisir dans de simples mélanges exposés à une évaporation que le soleil favorisoit encore, m'a porté à varier les expériences : j'ai répété les mêmes mélanges dans des bouteilles exactement fermées. J'ai tenu note des résultats observés au moment même des contacts, repris 24 heures après, et au bout de trois semaines. Le tableau suivant les retrace tels qu'ils ont été apperçus.

TABLEAU comparatif des Résultats du mélange de quelques Réactifs avec différentes Lacques carminées, observé, à diverses époques, dans des vaisseaux clos.

RÉACTIFS.	N°. 1. Lacque de Cochenille traitée avec l'Alun et l'Alcali de Soude.			N°. 2. Lacque de Garance avec l'Alun décomposé par la Soude.			N°. 3. Lacque Garance avec Arseniate de Potasse et Sel de plomb.			N°. 4. Lacque bois de Bresil avec Alun décomposé par la Soude.			N°. 5. Rouge de Bresil, & Alun mêlés à la terre de Morat.		
	Moment du mélange.	Vingt-quatre heures après.	Trois Semaines après.	Moment du mélange.	Vingt-quatre heures après.	Trois Semaines après.	Moment du mélange.	Vingt-quatre heures après.	Trois Semaines après.	Moment du mélange.	Vingt-quatre heures après.	Trois Semaines après.	Moment du mélange.	Vingt-quatre heures après.	Trois Semaines après.
Ammoniaque caustique.	Avivé. Non diffous.	Idem.	Idem.	Rouge de sang. En partie diffous.	Rouge plus clair.	Un peu altéré. En partie diffous.	Rouge brique. Non diffous.	Idem.	Altéré. Non diffous.	Pourpre violacé. Non diffous.	Idem de café. En partie diffous.	Plus foncé. En partie diffous.	Pourpre violet Non diffous.	Violet tournant au brun.	Détruit, couleur verte. Non diffous.
Acide acéteux, ou Vinaigre fort et distillé.	Même teinte. Non diffous.	Pourpre.	Beau rouge. Diffous.	Maron. En partie diffous.	Idem.	Canelle foncé. En partie diffous.	Rouge brique. Diffous en partie.	Idem.	Rouge pâle. Diffout en grande partie.	Rouge foncé. Diffous en partie.	Idem.	Rouge pourpre Diffous en partie.	Rouge pourpre. Non diffous.	Ponceau.	Rouge brun. Diffous un partie.
Acide sulfurique affaibli.	Rouge vif. Diffous.	Idem.	Rouge pâle. En espece de gelée.	Couleur Canelle foncée. En partie diffous.	Couleur brune.	Couleur de Noyer foncée. En partie diffous.	Jaune brun. Non diffous.	Jaune clair.	Couleur verte et détruite. Non diffous.	Ecarlate claire. Non diffous.	Rose vif.	Rose clair. Diffous.	Rouge d'écarl. un peu terne. Diffous en partie.	Pourpre.	Rouge brun ou obscur. Dif. en partie.
Acide muriatique.	Couleur de Rose foncée. Diffous.	Rose.	Rouge de pourpre.	Couleur brique tournant au Brun. Diffous en partie.	Brun clair.	Couleur de Noyer foncée. En partie diffous.	Orange foncé. En partie diffous.	plus foncé.	Brun. En partie diffous.	Rouge tirant au pourpre. Non diffous.	Rouge brun.	Brun foncé. En partie diffous.	Rouge tirant sur le rose. Non diffous.	Rose tirant au Ponceau.	Couleur de Noyer. En partie diffous.
Carbonate de Potasse.	Couleur Violette foncée. Non diffous.	Rouge pourpre	Rouge lie de vin. Altéré.	Rouge brun foncé. Non diffous.	Rouge brique ou brun clair.	Idem. En partie Diffous.	Rouge de brique, comme par l'ammoniaque	Rouge maron. Non diffous.	Idem. Non diffous.	Rouge brun. Non diffous.	Rouge violet obscur.	Rouge brun foncé. Non diffous.	Violet foncé. Non diffous.	Violet ordinaire.	Détruit. Non diffous.

Résultats comparatifs du mélange des mêmes Réactifs avec les mêmes Lacques exposées à l'air et au soleil, observés après le terme d'un mois.

RÉACTIFS.	N°. 1.	N°. 2.	N°. 3.	N°. 4.	N°. 5.
Ammoniaque caustique.	Lacque séche. Couleur conservée en-dessous, et un peu moins vive en-dessus.	Séche. Briquetée en-dessous, un peu pâlie en-dessus.	Lacque séche, rouge de brique foncé, un peu pâlie à la surface.	Lacque séche avec une surface comme talqueuse : un peu pâlie en-dessus, conservée en-dessous.	Lacque séche conservée, avec quelques points blanchis en-dessus.
Acide acéteux ou Vinaigre fort.	Séche et couleur de Rose.	Séche ; d'un rouge brun.	Séche ; couleur de brique pâle.	Séche ; couleur rouge de pourpre.	Séche ; couleur pourpre tournant au brun.
Acide sulfureux affaibli.	Cristaux alumineux d'un rose très-pâle. La lacque étoit cristalisée.	Espéce de bouillie couleur de rouille claire.	Lacque séche et de couleur brune.	Bouillie colorée en rouge de brique clair.	Rouge foncé en consistance de bouillie épaisse.
Acide muriatique.	Espéce de gelée saline transparente et d'une belle couleur pourpre.	Espéce de gelée de couleur capucine.	Lacque pulvérulente de couleur mordoré foncé.	Lacque séche et de couleur de chair.	Espéce de bouillie épaisse d'une couleur rouge foncée.

N.B. Le carbonate de Potasse n'a pas été employé dans ces premieres experiences.

L'exposé de ces résultats suffit, sans doute, pour faire appercevoir et établir les différences essentielles qui existent entre les diverses parties colorantes qu'on applique au travail des lacques carmiuées ou pastels, et pour convaincre de l'insuffisance des moyens qu'on regardoit comme étant les moins équivoques, pour distinguer la vraie lacque carminée d'avec celles qui n'en sont qu'une imitation imparfaite. Le suc de citron, ou tout autre acide végétal, et sur-tout le vinaigre auquel on attribuoit gratuitement la faculté de convertir en jaune le rouge vif ou pourpré qu'on donne à ces lacques imitées, et même les acides minéraux dont j'ai fait usage, développent sur ces parties colorantes étrangères à celle de la cochenille des caractères opposés. Nous voyons par-tout que le développement de la couleur rouge, sous différens tons de nuances devient le résultat certain du premier contact, excepté dans le rouge de la garance que les acides détruisent assez subitement; ils font passer cette couleur à celle de la rouille plus ou moins foncée, à raison du séjour de l'acide et de l'influence de la lumière.

Ces mêmes résultats favorisent, dans leurs comparaisons, des rapprochemens singuliers entre la partie colorante extraite du bois de Brésil, et celle de la cochenille; puisque les acides contribuent à leur développement sur le même ton de couleur, quoiqu'avec des modifications qu'il est facile de saisir. Si on se contentoit donc du premier apperçu à cet egard , la marche de nos réactifs paroîtroit assez uniforme ; mais elle ne suffiroit pas pour établir la distinction nécessaire qui existe entre les lacques tirées de la cochenille et celles faites avec le bois de Brésil, puisqu'avec un réactif, comme l'acide sulfurique, elles montrent des propriétés chimiques qui paroissent les confondre , lorsqu'on s'en tient aux effets du premier contact. Cependant cette espèce de ressemblance est limitée ; elle s'affoiblit bientôt par l'impression du temps et de la lumière , et il est facile alors de les distinguer par les résultats subséquens, lorsqu'on laisse trois à quatre jours d'intervalle pour faciliter et completter l'action des réactifs.

Il n'est donc aucune des substances que nous avons indiquées qui ne devienne , sous la main d'un peintre intelligent ou d'un amateur instruit , un instrument assuré pour asseoir son jugement sur la nature des lacques qu'on pourroit leur offrir. Les effets qui dérivent de l'application des acides ne sont pas assez distincts dès le premier moment du mélange , quoiqu'ils offrent des nuances qui n'échappent guères à un œil exercé ; mais l'intervalle de 48 heures suffit pour rendre leur différence très-sensible aux personnes les moins habituées à l'effet de ces sortes de mélanges. L'acide sulfurique employé aux essais dont il est ici question, résultoit d'un mélange d'acide sulfurique du commerce (huile de vitriol) et d'eau dans la proportion

portion d'un à quatre. L'acide muriatique a été oppliqué tel que le commerce le présente.

Si on compare avec exactitude les résultats entr'eux, on peut observer qu'ils varient dans les mélanges lorsqu'on les expose dans des vaisseaux ouverts, ou dans des vases exactement bouchés. Dans le premier cas, l'évaporation du liquide donne la raison du peu d'influence du réactif. L'ammoniaque caustique devient, pour ainsi dire, nul dans cette circonstance, à raison de son extrême volatilité. L'acide muriatique partage le même inconvénient. D'ailleurs, le mélange des corps légers que l'air transporte ou qui se détachent des plafonds peuvent en modifier les résultats. Le rapprochement des deux tableaux comparatifs suffit pour donner du poids à l'observation présente et pour prononcer sur la préférence qu'on doit donner, dans l'emploi de ces mélanges, aux vaisseaux qu'on peut fermer au liége. On peut alors en suivre les effets d'une manière plus sûre et plus étendue.

Quelques-uns des réactifs s'emparent de la base de la lacque et la dissolvent. Cet effet peut offrir un nouveau sujet d'observation lorsqu'on cherche à découvrir la nature de cette base, qui peut être composée d'alumine résultant de la décomposition du sulfate d'alumine (alun), ou d'argille pure, ou enfin de craie. Cette dissolution est alors mieux apperçue dans les vases qui s'opposent à l'évaporation du liquide, que dans ceux qui donnent un libre accès à l'air extérieur. Nous avons fait sentir ces cas particuliers dans les rapports qui constituent le premier tableau comparatif, sous l'expression, *de dissous*, *de dissous en partie*, ou *de non dissous*. Dans tous les cas l'influence de la lumière n'est pas à négliger.

Ces dernières observations terminent mes recherches sur les lacques carminées vraies et fausses. Elles paroîtront, peut-être, prolixes aux personnes qui, dans ces sortes d'ouvrages, ne cherchent que des formules de compositions ; mais elles ne doivent pas oublier que je consacre mon temps à l'amateur autant qu'à l'artiste.

Des Oxides de Plomb.

Oxide gris de Plomb. Chaux grise de Plomb.

Premier degré d'oxidation.

Les oxides de plomb, obtenues par l'intermède du calorique (du feu), se présentent dans les arts sous plusieurs caractères de différence qui peuvent servir à désigner, avec assez d'exactitude, la graduation que l'oxidation éprouve sous l'action continuée d'une température assez élevée. Nous devons suivre cette même graduation dans l'ordre de leur description.

Lorsque le plomb est sur le feu, il entre facilement en fusion. Sa surface se recouvre alors d'une pellicule de couleur grise et comme terreuse : c'est le premier pas vers l'oxidation (la calcination). Si on enlève cette pellicule, elle est incontinent remplacée par une autre, et ainsi de suite jusqu'à ce que toute la masse ne présente plus enfin qu'une poussière grise : c'est l'oxide gris de plomb.

Massicot. Oxide jaune de Plomb.

Second degré d'oxidation.

Si, après la première opération, on augmente la température, l'oxide gris passe à la couleur jaune ; et lorsque cette dernière est assez développée, elle porte le nom de Massicot, ou plus correctement celui d'*oxide jaune de plomb*.

Minium. Oxide rouge de Plomb.

Troisième degré d'oxidation.

Si on facilite à l'oxide jaune de plomb une division plus grande dans ses parties, ce qu'on opère en remuant la matière et en renouvellant ses surfaces au contact d'une flamme réverbérée, il prend sous la flamme léchante une couleur rouge plus ou moins développée, et constitue ce qu'on appelle l'oxide rouge de plomb (vulgairement minium). Une partie de cet oxide est déjà très-voisine de la réduction, et elle donne un peu de plomb réduit, lorsqu'on la traite au feu , sans intermède , et dans un creuset bien fermé.

Litharge d'or ou d'argent.

Oxide vitreux de plomb. Quatrième degré d'oxidation.

Enfin, si une accumulation de calorique frappe le massicot ou le minium, l'oxide se vitrifie en partie , et forme l'oxide vitreux de plomb, connu sous le nom de Litharge.

Toutes ces transitions se rencontrent fortuitement dans le travail en grand du coupellage, dans lequel le but principal est d'oxider tout le plomb, pour en extraire l'argent qu'il contient. Les soufflets dont le vent force la flamme à réverbérer, en tournoyant sur la matière en fusion, deviennent les instrumens de la fusion et de l'oxidation qui en est une suite. Bientôt il se forme de l'oxide jaune de plomb; le courant d'air qui accélère l'oxidation, donne naissance à l'oxide rouge, qui se volatilise en partie , et qui tapisse les ouvertures du fourneau : enfin l'oxide vitreux ne tarde pas à paroître sous la forme de flots ou d'écume , chassée en avant par le courant d'air que les soufflets entretiennent sur la matière en bain. Cet oxide vitreux est recueilli par une ouverture pratiquée pour son extraction, et par laquelle on le fait couler en forme de stalactite.

La couleur de cet oxide varie. La couleur

rouge lui a fait donner, dans le commerce, le nom de Litharge d'or : dans cet état, elle a moins souffert du feu. L'oxide d'un jaune verdâtre se nomme improprement Litharge d'argent ; elle est plus voisine de la vitrification que la première. La couleur de l'oxide vitreux est donc dépendante de l'action du calorique, qui peut être plus ou moins vive dans la durée d'une opération de ce genre.

L'oxide gris de plomb n'est point usité dans la peinture, il n'est d'usage que dans les Vernis de fayance, et la poterie commune.

L'oxide jaune ou massicot servoit dans l'art de la peinture, avant qu'on connut l'usage du jaune de Naples et de celui de Montpellier qu'on lui a substitués.

L'oxide rouge, ou *minium* est d'un usage plus étendu. On l'emploie dans la peinture par impression pour faire les beaux rouges, et pour servir de pied au vermillon qu'on applique aux peintures et décorations qui demandent de la solidité.

L'oxide vitreux (litharge) n'est guères d'usage en peinture que pour le dégraissage des huiles qu'on veut rendre siccatives. La litharge rouge doit être préférée à la jaune verdâtre. Elle contient plus d'oxigène, elle est moins dure et répond mieux à l'objet auquel on la destine.

Quand le peintre d'impression est pressé pour une couleur commune du genre des ochres, et qu'il n'a pas d'huile cuite , il peut peindre avec de l'huile de lin non dégraissée en mêlant à la couleur environ deux à trois parties de litharge porphyrisée à l'eau , séchée et en poudre fine, sur seize parties d'huile. La couleur a beaucoup de corps , et elle sèche aussi vite que s'il s'étoit servi d'huile siccative.

Noir de fumée.

Suie grasse , résultant de la décomposition des résines et des huiles par le feu.

Le Noir de fumée est , comme nous l'avons vu page 61 , de la première partie de cet ouvrage, le produit de la fumée épaisse qui s'élève des corps gras et résineux pendant leur ignition. Il est gras , mêlé de résine non décomposée et il a l'inconvénient de rougir. Aussi ne l'employe-t-on pas dans les couleurs délicates. On le destine aux couleurs à l'huile , qu'on étend sur les balcons, les rampes , les balustrades , etc.

Cependant on pourroit le faire servir à des peintures plus délicates si , après avoir été lavé , pour en séparer les matières étrangères , on le réduisoit à l'état de pur charbon. On parvient à lui donner cette dernière qualité en l'exposant , dans un creuset fermé , à un feu capable de décomposer entièrement les parties résineuses ou huileuses qui demeurent encore unies à la partie charbonnée.

Il s'en élève alors une épaisse fumée à laquelle on donne issue en laissant une petite ouverture au couvercle.

Il sembleroit, au premier coup d'œil, qu'une seule et même substance noire pourroit répondre à tous les cas qui exigent l'emploi de cette couleur, soit qu'on la destine à un fond uniforme, soit que, par son mélange avec d'autres parties colorantes, on ne cherche qu'à établir des nuances qui rivalisent avec la couleur principale. Une longue expérience établit d'autres principes. Il est reconnu que telle substance noire qui rend merveilleusement dans une composition recherchée, produiroit un effet inférieur dans une autre composition qui ne seroit pas du même genre. De-là la distinction établie entre plusieurs substances colorantes noires auxquelles on a conservé le nom de la substance productrice, comme le noir de fumée, le noir de hêtre, le noir de pêche, le noir d'os ou d'ivoire calciné.

Noir de lampe.

J'ai fait long-temps usage d'un très-beau noir et qu'il est facile de se procurer. Pour l'obtenir il suffit de suspendre au-dessus d'une lampe ou veilleuse un entonnoir de fer blanc, surmonté d'un tuyau cylindrique destiné à conduire hors de la chambre la fumée qui s'échappe de la lampe. Il se forme au sommet du cône de gros champignons d'une matière charbonneuse très-noire et d'une très grande légéreté. Cette partie charbonneuse est portée à un tel état de division qu'il est impossible de l'atteindre par la porphyrisation sur toute autre matière. Ce noir foisonne d'une manière étonnante dans tous les genres de peinture. On peut le rendre plus sec par une légère calcination dans des vaisseaux clos.

N. B. On doit remplacer par un fil d'archal la soudure qui joint l'entonnoir au tuyau cylindrique, parce qu'elle coule sous la flamme de la lampe.

Noir de Hêtre. Charbon de Hêtre.

Le bois de hêtre fournit, comme tous les autres bois, par la combustion, un charbon qui, étant bien porphyrisé, donne, par son mélange avec l'oxide blanc de plomb, un gris bleuâtre. Il convient, lorsqu'on l'applique à la détrempe, ou à la peinture à l'huile, de le réduire en poudre impalpable et exempte de ces petites facettes brillantes qu'on apperçoit dans un charbon médiocrement porphyrisé. On en vient plus facilement à bout en le broyant à l'eau, et en le rebroyant après la dessication de la pâte. Un semblable noir seroit moins susceptible de s'éfleurir, si après son extrême division, on arrosoit la pâte sur un filtre avec de l'eau chaude pour emporter les parties salines qui peuvent s'y trouver.

Noir de lie.

Ce noir est le résultat de la calcination des lies et du tartre, qu'on exécute en grand dans quelques cantons de l'Allemagne, dans les environs de Mayence et même en France. Cette calcination se fait dans de grands vases cylindriques ou dans des marmites sur le couvercle desquelles on pratique une ouverture, pour donner passage à la fumée et aux vapeurs acides et alcalines qui s'échappent pendant le travail. Lorsqu'on n'apperçoit plus de fumée l'opération est achevée. Alors on lave à plusieurs eaux bouillantes la matière restante qui n'est qu'un mélange de sels et d'une partie charbonneuse très-atténuée. La porphyrisation achève de lui donner le degré de finesse qui lui convient.

Si ce noir est extrait des lies sèches, il a moins de finesse que celui qu'on obtient du tartre, parce que la lie contient des matières terreuses qui se trouvent confondues avec la partie charbonneuse.

Ce noir foissonne et paroît velouté. Son débit principal est consacré au noir d'estampes.

Noir de Pêches.

Les noyaux de pêches, brûlés dans un vaisseau clos, donnent un charbon que la porphyrisation rend utile à la peinture pour donner les gris vieux.

Noir de Vigne.

Le sarment de vigne réduit en charbon, forme
un noir bleuâtre, qui foisonne. Mêlé au blanc il
donne le blanc argentin que ne produisent pas les
autres noirs : il a assez de rapport avec le noir
de pêches ; mais pour arriver au dernier terme
de perfection pour cette couleur, il convient qu'il
soit porphyrisé avec la plus grande exactitude. Il
gagne beaucoup sous le mouvement de la molette.

Noir d'yvoire. Noir d'os.

On place dans un creuset entouré de charbons
ardents des fragmens ou tournures d'ivoire, ou
bien des parties osseuses d'animaux. On recouvre
exactement le creuset. L'ivoire ou les os y subissent une analyse qui les réduit en charbons. Lorsqu'il ne passe plus de fumée par les jointures du
couvercle, on laisse le creuset au feu encore une
demi heure, ou enfin jusqu'à ce qu'il soit entièrement refroidi. Il contient une matière charbonneuse dure qu'on réduit en poudre, qu'on por-
phyrise à l'eau, qu'on lave sur un filtre avec de
l'eau chaude et qu'on fait ensuite sécher. On la
divise de nouveau sous la molette pour l'usage.

Le noir fourni par les os est roussâtre. Celui
de l'ivoire est plus beau. Il est plus vif que le noir
de pêches. Mêlé en dose convenable avec le blanc,

ou l'oxide blanc de plomb il fait un beau gris de perle. Le noir d'ivoire est le plus riche. Le noir de Cologne et le noir de Cassel se font avec l'ivoire.

Des Ochres.

Le fer est de tous les métaux celui qui résiste le moins à l'action chimique qui résulte de ses contacts avec diverses substances, sous l'inflence de l'humidité et de l'air. Les terres, les sels, les acides, le soufre, l'arsenic, l'eau même deviennent, en certaines circonstances, l'origine des modifications qui le transportent de l'ordre des corps simples dans celui des substances composées. Les feux volcaniques, le calorique dégagé par l'effet des combinaisons souterraines, dont il paroît être lui-même un des principes actifs, agissent sur lui d'une manière plus ou moins énergique et lui communiquent des formes et des propriétés rélatives.

Les ochres brunes, les jaunes et les rouges manifestent, d'une manière assez évidente, les effets d'une espèce de combustion, ou pour mieux dire, d'une oxidation plus ou moins étendue, plus ou moins accélérée. L'eau paroît en être le principal moteur ; mais aussi elle y trouve l'agent de sa décomposition. L'hydrogène qui est un de ses principes constituans, s'échappe sous la forme de gas inflammable, tandis que l'oxigène, autre

principe de l'eau, s'unit au métal qu'il convertit en oxide.

Cet oxide est plus où moins chargé d'oxigène,
plus ou moins mêlé de terre argilleuse et de carbonate de chaux (terre calcaire).

Ochre brune.

Lorsque l'oxidation du fer n'est pas fort étendue, il en résulte une ochre brune. L'acide carbonique en fait souvent partie.

Ochre de Rue.

Un degré de plus dans le travail de l'oxidation
naturelle du fer, c'est-à-dire, une quantité
d'oxigène un peu plus forte, qu'elle n'est dans
l'ochre brune, et le mélange de l'argille donne à
l'ochre une couleur jaune obscure. Cet ensemble
constitue l'ochre de rue, qu'on extrait par les
lavages à grande eau.

Ochre de Rue calcinée.

Cette Ochre de rue soumise à l'action du calorique accumulé (d'un feu assez actif), acquiert une
couleur jaune plus ou moins développée, suivant
le degré d'oxidation acquis par l'influence de ce
procédé.

Ochres jaunes naturelles.

La nature exempte l'Artiste, dans bien des cas, de cette oxidation factice. Elle prépare des ochres en grand et assez variées dans leur couleur. L'ancienne Auvergne, toutes les contrées voisines des volcans, ainsi que certaines mines de fer en fournissent. Elles deviennent un objet de commerce, sous les noms d'Ochre jaune foncée, d'Ochre jaune claire. Ces Ochres sont plus ou moins argilleuses; elles sont souvent marneuses, c'est-à-dire, mêlées d'argille, de carbonate de chaux (terre calcaire) et colorées par le fer. On les sépare du sable et des pierres qu'elles peuvent contenir, par des lavages exacts.

Ochre rouge.

Lorsque cette oxidation s'opére dans le voisinage des feux volcaniques ou par l'effet des combinaisons souterraines d'une grande étendue, ou enfin sous l'influence des procédés chimiques, comme dans le travail des sulfates factices de fer (vitriol de mars, ou de la vitriolisation factice) dans lequel il se développe beaucoup de calorique, la couleur que prend l'oxide de fer est plus exaltée. Elle est d'un rouge plus et moins vif. C'est l'Ochre rouge, ou l'oxide rouge de fer, mêlé, en proportions variées, avec de l'argille ou de la marne ; si c'est un produit de la nature. Ce sera

l'oxide rouge de fer pur, ou le rouge d'Angleterre, s'il est un produit de l'art.

L'Ochre rouge naturelle est assez abondante
dans les pays volcanisés. L'Auvergne e n présente
des exemples, il en vient de très belles de ses divers départemens. L'argille en constitue la plus
grande partie. C'est elle qui lui donne le liant,
et qui la rend si douce au tact.

Le travail de leur purification est simple. Quoique plus sèches que les argilles pures, elles sont
plus légères que les sables et les fragmens de pierres qui peuvent s'y rencontrer ; elles se délayent
facilement dans l'eau et laissent précipiter, pendant ce lavage, les corps qui ont plus de pesanteur qu'elles. On décante l'eau qui en est chargée en la faisant passer dans une fosse inférieure
à celle du lavage ; et lorsque le sédiment est
formé, ou soutire l'eau claire; on enlève la pâte
argilleuse colorée, qu'on fait sécher après l'avoir
divisée en petites masses.

Lorsqu'une Ochre est composée d'oxide de fer
et d'argille, les acides n'ont point d'action sur elle.
Si elle fait effervescence, elle annonce une composition marneuse. Le carbonate de chaux (la
terre calcaire) s'y rencontre dans des proportions
variées. Dans ce cas l'Ochre est plus sèche. Elle
présente moins de corps qu'une Ochre toute argilleuse, lorsqu'on la fait servir à la peinture à
l'huile ou au Vernis.

On voit, par ce court exposé, que le fer devient, par ses différens degrés d'oxidation naturelle ou factice, la base de plusieurs genres de couleur, et que les services qu'il rend à la peinture sont très-étendus. Il n'est pas de substance métalliques capables de les varier au même degré.

Rouge brun. Rouge foncé d'Angleterre.

Oxide rouge brun, et rouge foncé de fer sans mélange.

L'art qui opère directement sur le fer, et qui ne peut admettre dans ses procédés les lenteurs de la nature, ne lui communique que des teintes rouges plus ou moins obscures, plus ou moins voisines du beau rouge développé. Les ochres sont des oxides de fer terreux : ceux-ci sont des oxides purs. Sous ce dernier état, ils ont souvent besoin du mélange d'autres substances capables de modifier la dureté que ces oxides purs donneroient à la teinte, et de les rendre plus agréables à la vue.

Nous rangeons dans ce dernier genre d'oxides de fer le rouge brun, le rouge foncé d'Angleterre et même le rouge de Prusse qui résulte de la décomposition des sulfates de fer (vitriol de mars) ou qui sont extraits des résidus de l'opération par laquelle on décompose le nitrate de potasse (nitre), pour en faire l'acide nitreux (eau forte). Ces résidus sont d'autant plus foncés en couleur, que la température a été plus élevée dans le temps même de l'opération.

On réduit ces résidus en poudre, et on les lave pour emporter les parties salines qui y sont mélangées. On broye la pâte avec exactitude et on en fait le lavage. On laisse un peu d'intervalle pour donner aux parties grossières le temps de se précipiter; on décante alors l'eau qui se trouve chargée des parties les plus atténuées. Par le repos, il se forme un sédiment qui devient d'un beau rouge clair après la dessication.

Le premier sédiment qui s'est formé dans le premier intervalle donne un rouge obscur ; mais si on veut en diminuer la quantité pour augmenter celle du rouge clair , on le fait sécher ; on le calcine de nouveau; on broye; on répéte le lavage comme précédemment , et il en résulte encore une nouvelle dose de rouge clair et de rouge obscur. Ces différens rouges ainsi soignés sont fort recherchés pour les peintures sur les porcelaines , etc. Mais pour la peinture d'impression, on ne prend pas d'aussi grandes précautions. On opére l'oxidation des sulfates de fer très en grand, et les rouges qui en résultent sont les rouges communs qu'on applique à la peinture des parquets ou d'autres objets semblables.

Les anglois qui exploitent très-en grand les vitriols, auxquels ils appliquent différens procédés, emploient pour la pulvérisation du rouge de fer le même méchanisme que pour le lissage de la poudre. C'est un tonneau qu'on fait mouvoir sur deux axes par une manivelle ou par l'eau. On place

dans

dans ce tonneau les masses désséchées de colcothar, ou rouge lavé et plusieurs boulets. Le mouvement de rotation qui facilite celui des boulets et les frottemens entre des parties sèches achève, en peu de temps, une pulvérisation qui occuperoit bien des bras.

On peut encore se servir du moyen que nous indiquons à l'article de l'indigo. Alors la pulvérisation s'opére à la bassine.

Rouge de Prusse.

En Prusse on prépare assez en grand, et à feu ouvert, une espèce de colcothar, (oxide rouge de fer) qu'on calcine plusieurs fois, et dont les lavages sont conduits de manière à extraire, d'une même opération, plusieurs sédimens dont la ténuité des parties dépend du temps employé à la précipitation. Le premier sédiment, formé dans une mesure de temps déterminée, est plus grossier que le second, et ainsi de suite. Il résulte de cette division du temps nécessaire à la précipitation totale des parties suspendues, que le dernier sédiment présente des parties les plus atténuées. La couleur rouge qui en résulte est en effet assez délicate pour partager les honneurs de la palette du peintre en tableaux.

Orseille.

Il croît, dans les îles des Canaries et du Cap-Vert, une espèce de *Lichen* qui développe une partie colorante violette, lorsqu'on l'expose au contact de l'ammoniaque dégagé de l'urine en putréfaction par le mélange de la chaux. Lorsque les procédés d'usage sont achevés, il porte le nom d'Orseille ou d'Orseil.

On suit cette préparation très-en grand à Londres, à Paris et à Lyon. Dans cette dernière ville, ils se servent d'une autre espèce de lichen qui croît sur les rochers, à la manière des mousses. Cette espèce est abondante dans la précédente province de l'Auvergne. L'orseille qui en résulte, est inférieure à celle des Canaries.

L'ammoniaque (alcali volatil) dégagé de l'urine en putréfaction, par l'intermède de la chaux, se porte sur la partie résineuse de la plante, développe sa partie colorante et s'y unit. Sous cet état, ce *Lichen* forme une pâte d'un rouge violet, parsemée de taches blanchâtres qui lui donnent une apparence marbrée.

L'orseille est employée dans la teinture pour colorer en violet la soie et la laine. La Physique s'en sert pour colorer la liqueur des thermomètres. Le vernisseur en compose ses violets et lilas : sa couleur n'est pas solide.

Orpin. Orpiment.

Oxide d'arsenic sulfuré jaune.

L'orpiment ou l'orpin est le résultat de la combinaison de $\frac{9}{13}$ d'arsenic et $\frac{1}{13}$ de soufre, d'où lui vient le nom consacré par la nouvelle nomenclature *d'oxide d'arsenic sulfuré jaune*. C'est un produit volcanique que l'art peut imiter.

On en connoît de deux espèces dans le commerce; l'une composée de grandes lames brillantes et d'une belle couleur jaune; l'autre en petites facettes dont le jaune porte une nuance verdâtre.

Watin en proscrit l'usage, à cause des dangers qui peuvent résulter de l'ignorance des Artistes sur la nature de sa composition. J'ajouterai un autre motif de considération qui a son importance pour l'art même; c'est que toute matière arsénicale se fait connoître par la pernicieuse influence qu'elle exerce sur toutes les substances métalliques qui se trouvent dans son voisinage. Cette seule remarque suffit pour en proscrire l'usage dans la composition des tableaux de prix, et pour toute peinture délicate. On peut voir à l'article jaune citron, jaune d'or, d'autres motifs qui proscrivent l'usage de l'orpiment avec les oxides métalliques blancs. Lorsqu'on calcine légèrement l'orpiment, il fait le jaune souci.

Réalgar. Oxide d'arsenic sulphuré rouge.

Le Réalgar ne diffère de l'orpiment que par
la quantité de soufre qu'il admet dans sa com-
position qui demande $\frac{4}{7}$ d'arsenic $\frac{3}{7}$ de soufre.
Cette proportion donne au tout une couleur de
rubis, dont lui vient le nouveau nom qu'on lui
a donné. Cette couleur lui mériteroit une place
distinguée parmi les substances employées à la
peinture, si elle n'avoit pas contre elles les raisons que nous avons alléguées à l'article de l'oxide
d'arsenic sulfuré jaune. Le Réalgar est, comme
le précédent, un produit volcanique que l'art
sait imiter, et qu'on connoît dans le commerce
sous le nom de Rubine d'arsenic, de Réalgar factice.

Rocou ou Roucou.

Extrait chargé d'une fécule colorante.

Le Rocou est une fécule colorante de nature
résineuse, extraite de la graine d'un arbre très-
abondant dans les îles de l'Amérique, et dont
la hauteur n'excède pas 15 pieds. On la réduit
par évaporation en une sorte d'extrait qu'on
étend sur des planches, pour qu'il se sèche avec
lenteur : celui qui est seché ainsi, a une couleur
plus exaltée que celui qu'on sèche au soleil.

Les Indiens font usage de deux procédés, pour
obtenir la fécule rouge de cette graine. Ils la
pilent, la mélangent d'une certaine quantité
d'eau qui facilite, dans l'espace de cinq à six

jours, un mouvement de fermentation. Alors le liquide se charge de toute la partie colorante: ils en séparent ensuite l'humidité superflue par une lente évaporation sur le feu.

L'autre méthode consiste à frotter la semence de Rocou entre les mains, dans un vase rempli d'eau. La partie colorante s'y précipite et s'y réunit en masse comme un pain de cire; mais si la fécule rouge qui s'en détache ainsi est beaucoup plus belle que dans le premier procédé, elle est aussi en plus petite quantité. D'ailleurs, comme l'éclat en est trop vif, les Caraïbes ont coutume de l'affoiblir par un mélange de santal rouge.

Le rocou que nous ne connoissons que par la voie du commerce, est sous la forme de pains enveloppés de feuilles de balisier. Au reste, l'on pourroit, lorsqu'il est en pâte, lui donner telle forme qu'on voudroit.

Les naturels des îles en font un grand usage pour se peindre le corps, etc. Mais en Europe on applique le rocou à l'usage de la teinture. On s'en sert pour donner le pied aux laines qu'on veut teindre en rouge, en bleu, en jaune et en vert, etc.

Dans l'art du vernisseur, il entre dans la composition des vernis mutatifs ou changeans pour donner la couleur d'or aux métaux sur lesquels on applique ces vernis.

On doit le choisir couleur de feu, plus vif en

dedans qu'en dehors , doux au toucher et d'une bonne consistance. La pâte du rocou devient dure en Europe , et elle perd de son odeur qui approche celle de la violette.

Safran bâtard. Fleurs de Carthame.

Le **Safran bâtard** est la fleur d'une plante connue sous le nom de Carthame. Cette plante, originaire d'Egypte , a été naturalisée en France, et elle est d'une grande utilité dans le travail de la teinture. Elle donne des fleurs à fleurons fibreux, longs de plus d'un pouce , découpés en lanières eu cinq parties , et d'un beau rouge foncé de safran. Ce sont ces fleurs qu'on nomme Safran bâtard , Fleurs de carthame.

Elles contiennent deux parties colorantes, l'une soluble à l'eau et qu'on rejette ; l'autre dissoluble dans les liqueurs alcalines. C'est cette dernière partie colorante qui devient la base de ces belles nuances couleur cérise , ponceau , du rose, etc. Les plumaciers s'en servent aussi pour teindre les plumes. C'est encore elle qui constitue le rouge végétal, ou vermillon d'Espagne , dont les dames se servent pour relever l'éclat de leur teint. L'usage de ce vermillon n'est pas borné à la toilette. Le vernisseur l'applique à quelques-unes de ses compositions ; mais la couleur n'en est guères solide.

Le **Safran bâtard** ne peut fournir sa partie colorante résineuse pourvue de toutes ses qualités, que lorsqu'on lui a enlevé celle qui est soluble dans l'eau.

Pour cet effet, on renferme dans un sac de toile les Fleurs de Carthame séchées. On tient ce sac dans une eau courante. Un homme chaussé de sabots monte sur le sac toutes les huit à dix heures, et le foule sur un banc jusqu'à ce que l'eau qui sort du sac ne soit plus teinte. Ce travail demande quelques jours de macération.

On étend alors ces fleurs mouillées, mais qu'on a fortement exprimées dans le sac, sur une toile tendue sur un cadre et qu'on place sur un baquet. On les recouvre de 5 à 6 pour cent de leur poids de carbonate de soude (sel de soude) : on verse par dessus de l'eau froide pure; on transvase cette eau pour la faire repasser plusieurs fois sur les Fleurs de carthame , afin de donner à l'alcali le temps de se charger de la partie colorante qu'il dissout. La liqueur filtrée est d'un rouge sale et presque brun. Cette partie colorante , ainsi tenue en dissolution par une liqueur alcaline , ne peut servir à colorer les corps que lorsqu'elle est libre : et pour la mettre en liberté , il convient de présenter à la soude un corps qui ait plus d'affinité avec elle , qu'elle n'en a elle-même avec la partie colorante. C'est sur cette précipitation par intermède que sont fondés le travail du vermillon d'Espagne , et tous les résultats qui naissent de l'application directe de cette partie colorante dans l'art du teinturier.

Lorsqu'on applique le safranum à la couleur orange qu'on communique aux parquets, il ne paroît pas qu'on tienne à la partie colorante insoluble dans l'eau, on ne recherche que celle que les teinturiers rejettent. Peut-être obtiendroit-t-on un plus bel effet en n'employant que le *Safranum* lavé , et en faisant une pâte liquide avec la liqueur chargée de la partie colorante qu'on precipiteroit ensuite avec un acide affoibli.

Vermillon d'Espagne.

Pour faire ce Vermillon on verse dans la liqueur alcaline qui tient en dissolution la partie colorante du safran bâtard , la quantité de suc de citron reconnue nécessaire pour saturer tout le sel alcali. Le suc de citron s'unit comme acide à l'alcali et précipite la partie colorante du carthame. Lors de la précipitation , celle-ci paroît sous la forme d'une fécule filandreuse qui gagne bientôt le fond du vase. On mélange cette partie féculente avec du talc blanc (craie de Briançon) réduit en poudre fine et humectée d'un peu de suc de limon et d'eau. On forme du tout une pâte qu'on divise par petits pots et qu'on fait sécher. Ce vermillon qui porte le nom de Vermillon d'Espagne est réservé aux toilettes. Ce rouge n'a pas la solidité de celui qu'on prépare avec la cochenille. (*Voy. rouge de toilette page 70, seconde partie*).

Quand on destine cette partie colorante à la peinture d'impression, comme pour le rouge tirant sur le jaune qu'on destine aux parquets, on fait une pâte de la liqueur chargée de la partie colorante précipitée par l'acide du limon, avec une terre argilleuse ou marneuse blanche qu'on distribue par petits pains et qu'on fait ensuite sécher. C'est une espèce de pastel au *safranum* ou safran bâtard.

Santal rouge.

Le Santal rouge est un bois solide, compacte, pesant, à fibres tantôt droites, tantôt contournées et d'une saveur astringente. Sa couleur est d'un rouge brun. Ce bois est tiré d'un grand arbre qui croit abondamment dans le Coromandel, partie des Indes orientales.

Il fournit une couleur rouge foncée qui sert à la teinture. Il donne sa partie colorante à l'eau et à l'alcohol (esprit de vin) mais nullement aux huiles. Il peut, à raison de cette propriété, contribuer à la coloration des vernis mutatifs à l'alcohol.

Le volumineux ouvrage des secrets des arts et métiers dit, que son extrait tiré d'une décoction acqueuse est susceptible de colorer les huiles essentielles. L'auteur n'en a sûrement pas fait l'épreuve; mais il communique à l'alcohol une couleur très-vive.

Des stils de grain.

Les Stils de grains sont d'un usage assez étendu dans la peinture par impression à détrempe et à l'huile. Les peintres en tableaux ne s'en servent point communement. Ils leurs préférent les jaunes extraits des substances métalliques comme étant plus solides.

Les Stils de grains sont composés de parties terreuses chargées de la partie colorante, ou fécule colorante de certains végétaux. L'argille constitue la base de celui de première qualité. Quelquefois cette base est marneuse (mélange d'argille et de craie) : en certains cas elle est un carbonate de chaux (craie). Cette dernière composition de Stil de grains est inférieure aux deux premières. La détrempe lui convient mieux que la peinture à l'huile.

Stil de grain de Gaude.

La Gaude est une plante commune en France et en Espagne. Lorsqu'elle est cultivée elle est supérieure pour la teinture, à la plante qu'on laisse sans culture. L'usage de sa partie colorante n'est pas borné à la teinture ; il s'étend encore à la peinture sous la dénomination de Stil de grain.

Pour faire le Stil de grains, on fait bouillir les tiges de la Gaude dans une eau où l'on mêle de l'alun avec laquelle on détrempe ensuite de l'ar-

gille, ou de la marne, ou de la craie qui se
charge de toute la couleur de la décoction. Lorsque la matière terreuse prend de la consistance,
par l'effet de l'évaporation, on en forme de petits pains qu'on fait sécher. C'est sous cette forme
qu'on débite le Stil de grains chez les marchands
de couleurs.

Stil de grain de Troyes.

Ce Stil de grain se fait avec la décoction alumineuse de la gaude dans laquelle on détrempe
de la craie qui se charge de la partie colorante
de la plante : l'emploi de cette craie rend ce Stil
de grain inférieur à tous ceux qui n'admettent
pour base qu'une terre argilleuse ou une marne
très-argilleuse. Ces sortes de compositions acquer-
roient peut-être quelques qualités de plus, si on
détrempoit l'argille, ou la marne, ou la craie dans
une seconde et même dans une troisième décoction de la plante.

Stil de grain à la graine d'Avignon.

Le petit nerprun donne des fruits qui étant
cueillis verts prennent le nom de graine d'Avignon, de grainette, ou graine jaune. Le nom
de graine d'Avignon lui a été donné, parce que
la plante qui la fournit est abondante dans les
environs de cette ville.

Ces graines bouillies dans un eau alumineuse

constituent un Stil de grain supérieur aux précédens.

On détrempe dans la décoction une certaine
quantité d'argille ou de marne; la partie colorante de la graine s'unit à la matière terreuse et
lui communique une belle couleur jaune. On
laisse sécher un peu la pâte et on la divise en
petites masses.

La graine d'Avignon est d'un usage étendu dans
l'art de la teinture, et même dans celui de l'indienneur qui en fait une grande consommation
pour les jaunes.

La partie colorante des Stils de grain est d'autant plus foncée que la substance terreuse dont
on se sert est moins mêlée de carbonate de chaux
(terre calcaire ou craie). L'argille contribue à
la solidité de la couleur. En partant de ce principe, on pourroit suppléer aux mélanges ordinaires,
dont nous venons de donner les détails, par un
Stil de grain résultant de la décomposition du
sulfate d'alumine.

Stil de grain d'un jaune brun

Par décomposition du sulfate d'alumine (Alun).

On fait cuire dans 12 livres (5,869,75 kilogrammes) d'eau, pendant environ une heure,
une livre (489,14 grammes) de graine d'Avignon,
$\frac{1}{2}$ livre (244,57 grammes) de copeaux de bois
de berberis ou d'épines vinettes, et une livre

(489,14 grammes) de cendres gravelées. On passe la décoction par un linge avec expression.

On verse dans cette couleur chaude, et à diverses reprises, de la solution de deux livres (978,29 grammes) de sulfate d'alumine (d'alun) dans 5 livres d'eau (2,445,73 kilogrammes). Il y a légère effervescence. Le sulfate se décompose; l'alumine qui se précipite s'empare de la partie colorante. On filtre par un linge serré et on divise toute la pâte qui reste sur le linge en petits morceaux carrés qu'on expose sur des planches où ils se séchent. C'est un Stil de grain brun, parce que l'alumine ou l'argille y est pure. L'intensité de cette couleur prononce sur la qualité de ce Stil de grain qui est supérieure à celle des autres compositions.

Stil de grain avec le blanc d'Espagne, ou avec la céruse, préférable pour la Peinture à l'huile.

En suppléant à l'argille par une substance qui présente un mélange de cette terre et d'oxide métallique, il résulte un Stil de grain supérieur, sans doute, à ceux dont nous avons donné la composition.

On broye à l'eau de l'oxide céruse. Lorsqu'il est broyé on l'enlève du porphyre avec une spatule de bois et on met la matière en réserve. Il est même bon de lui laisser perdre son humidité.

On fait bouillir séparément une livre (489,14 grammes) de graine d'Avignon , 3 onces (91,71 grammes) de sulfate d'alumine (d'alun), dans 12 livres (5,869,75 kilogrammes) d'eau qu'on fait réduire à 4 livres. On passe la décoction par un linge et on l'exprime fortement. On y détrempe deux livres (978,29 grammes) de céruse , et une livre (489,14 grammes) de blanc d'Espagne en poudre. On fait évaporer le mélange jusqu'à ce que la masse ait la consistance d'une pâte. On en forme de petits pains qu'on fait sécher à l'ombre.

Lorsque ces pains sont secs, on les met en poudre qu'on détrempe dans une nouvelle décoction de graine d'Avignon. En répétant ce procédé une troisième fois , on obtiendroit un Stil de grain si chargé de partie colorante , qu'il seroit brun.

En général, les décoctions doivent être chaudes lorsqu'on y détrempe la terre. Elles ne doivent pas être gardées long-temps , car le mouvement de la fermentation en altère assez vîte la couleur. On doit éviter aussi de se servir de spatule métallique pour remuer le mélange.

On emploie les Stils de grain en détrempe et à l'huile. Cependant on leur reproche avec raison leur peu de solidité. La partie colorante y est d'autant plus fixe que la substance terreuse qui la récèle contient moins de craie Ainsi lorsqu'on veut établir un choix sur cette matière, il est convenable de le faire tomber sur la composition qui fera

(111)

le moins effervescence avec les acides. J'ai exa-
miné sous ce point de vue plusieurs Stils de grain
d'Angleterre qui faisoient très-peu d'effervescence.

Lors qu'on se contente d'une seule décoction de
gaude ou de graiue d'Avignon pour colorer une
quantité donnée de terre , le Stil de grain qui en
résulte est d'un jaune clair , et il se détrempe aisément. Lorsqu'on absorbe la partie colorante de
plusieurs décoctions , la composition devient brune
et elle se détrempe avec plus de difficulté , sur-tout
si la pâte est argilleuse ; car c'est le propre de
cette terre de s'unir aux parties huileuses et résineuses , d'y adhérer fortement et de faire corps.
Dans ce dernier cas , on ne doit pas se contenter
de détremper la couleur , il faut la broyer , opération qui convient également à tout Stil de grain
même le plus tendre , lorsqu'on le destine à la
peinture à l'huile.

Terre d'ombre.

La Terre d'ombre est une espèse d'argille mêlée de fer un peu oxidé , qui la rend sèche.
C'est moins une ochre brune qu'une terre bitumineuse légèrement ferrugineuse. On la tire de
Nocéra dans l'Ombrie , district d'Italie, d'où lui
vient son nom. On la nomme quelquefois ochre
brune.

La Terre d'ombre est fort employée par les
peintres pour les bruns. Légèrement calcinée ,

elle prend un ton plus brun et donne les couleurs de bois. Si pour lui faire subir l'action du feu on la renferme dans une boîte de fer, la couleur en est plus moëlleuse.

L'évêché de Cologne fournit aussi une espèce de terre d'ombre moins légère, plus brune et d'une odeur plus forte et plus désagréable que celle de Nocéra. Elle est plus bitumineuse et plus chargée de fer que la première; enfin, elle lui est inférieure.

En général, les dépôts formés par les plantes marécageuses; ceux des tourbières, qui contiennent des végétaux en partie détruits, et en partie bituminisés, offrent presque toujours une variété de terre d'ombre, qu'on pourroit appliquer aux fonds bruns avec succès. Cependant lorsqu'il est question d'ouvrages délicats, le choix doit tomber sur les matières les moins susceptibles d'altération de la part du temps et du contact des corps huileux employés dans la peinture. La terre de Nocéra est légère, subtile, argilleuse, inflammable, et elle répand une odeur fétide de charbon de terre lorsqu'on la chauffe fortement. Ses qualités, consacrées par une longue expérience, lui assurent la préférence de la part des peintres. Elles doivent servir de critère pour toutes celles qu'on seroit tenté de lui substituer.

Terre verte de Saxe.

La nature prépare souvent des couleurs auxquelles l'art n'a rien à ajouter, lorsqu'on sait en
borner l'emploi. La Terre verte de Saxe est de
ce nombre. La Hongrie, la Saxe, l'Italie, qui
contiennent assez de mines de cuivre, produisent
des terres vertes qu'une longue expérience applique à des objets particuliers, parce que le corps
colorant qui est de même nature dans toutes, ne
se trouve pas par-tout dans les mêmes proportions.

Ces terres colorées sont de nature argilleuse.
Elles proviennent de l'oxidation du cuivre par
l'eau, ou plutôt de la décomposition des sulfates
de cuivre (pyrites cuivreuses) qui y sont abondans, et que les eaux infiltrent dans des bancs
marneux, où l'acide échange sa base métallique.
L'intensité de la couleur dépend de la quantité de
l'oxide métallique qui s'y trouve. La terre de
Kernausen en Hongrie est de ce genre. Lorsque
les terres sont ainsi chargées de partie colorante,
elles peuvent servir à la détrempe sans modification ; mais elles ne conviennent pas à la peinture
à l'huile sans correction. La couleur deviendroit
d'un vert foncé et obscur ; dans ce cas, la terre
colorée demande le mélange d'une partie ou d'une
partie et demie d'oxide céruse. La Terre verte
de Saxe exige aussi pour ce genre de peinture
une correction à-peu-près semblable.

Terre verte de Véronne.

La Terre verte de Vérone est sèche, d'un vert ménagé, et son mélange avec l'huile ne présente pas le même inconvénient que la terre verte de Kernausen en Hongrie et celle de Saxe. Elle est également propre à la détrempe et à la peinture à l'huile.

Ces deux genres de terre sont de vrais oxides cuivreux, qui contiennent un peu d'acide carbonique (air fixe).

Terre Mérite.

La Terre mérite est la racine d'une plante de la famille des balisiers qui croissent abondamment dans toutes les parties de l'Inde, et que les indiens cultivent avec soin.

Cette racine légèrement aromatique est oblongue et coudée, avec des nœuds de distance en distance. Elle est compacte, pesante, de la grosseur du petit doigt, pâle à l'extérieur, jaune en dedans et même rouge quand elle est vieille. Les racines de la petite espèce sont rondes, et quand on les casse, l'intérieur présente des cercles concentriques de couleur rouge.

Cette racine est d'un usage très-étendu dans l'art de la teinture. Les teinturiers trouvent que la terre mérite ordinaire le cède à la gaude, quant à la durée de la couleur ; mais ils la préfèrent dans l'usage qu'ils font du jaune dans le bain d'é-

carlate, pour réhausser la couleur de la cochenille ou de la graine de Kermès dont ils composent ce bain.

La Terre mérite n'est employé dans le travail
des vernis que sous la forme de teinture. Elle entre dans le mélange des parties colorantes qui
contribuent le plus à donner aux métaux l'éclat
de l'or. On doit la choisir saine et compacte.

Vert-de-gris. Oxide vert de cuivre par le vinaigre. Oxide-verdet.

Le cuivre se couvre à l'air d'une espèce de
rouille verte qui porte le nom d'oxide vert de
cuivre. Le vert-de-gris est un produit de l'art
qui convertit le cuivre en oxide par l'intermède
du vinaigre. Cette matière, dont la consommation est très-étendue, devient une branche de
commerce très-précieuse. Presque tout ce qu'il
s'en consomme en Europe se prépare à Montpellier et dans ses environs. On a essayé d'établir le
même travail à Grenoble ; mais soit l'effet des
sophistications qui y sont moins surveillées qu'à
Montpellier ; soit enfin que la nature des vins de
cette contrée, ne réponde pas aussi bien à cet
emploi que celle des vins du Languedoc, le vert-
de-gris de Montpellier a toujours conservé la su-
périorité et son débit.

Il est peu de familles dans cette dernière ville
qui ne se livrent au travail du verdet. La nature

des vins qui, sous ce climat, sont hauts en couleur, spiritueux et chargés d'acide, le facilite
singulièrement. Montet, chimiste de Montpellier, donne, dans les Mémoires de l'Académie des
Sciences de Paris (années 1750 et 53) une description détaillée et lumineuse sur le travail dont
voici l'extrait :

On remplit de grandes urnes de terre cuite de
rafles de raisin (ce sont les grappes dont on a
ôté les grains), qu'on a fait sécher auparavant au
soleil. On les fait tremper huit à dix jours dans la
vinasse. (On nomme ainsi le vin qui a déjà servi
à la préparation du verdet et qui passe à la fermentation acide). On soutire alors cette vinasse ;
on exprime légèrement le marc et on établit dans
le même vase des couches alternatives de rafles et
de lames de cuivre minces, en commençant et
finissant par une couche de marc : on couvre les
vases qu'on abandonne pendant cinq à six jours.

Lorsqu'on apperçoit sur les premières lames,
qui ont pris une couleur verte, des points blancs,
on les retire, et on en met un certain nombre les
unes sur les autres, qu'on dépose dans une cave
qui ne doit être ni trop sèche ni trop humide.

On les y laisse sécher. On les trempe ensuite
par le côté dans la vinasse ou dans de l'eau et on
répéte deux à trois fois cette opération. Pendant
ce temps la matière métallique qui a été pénétrée
par la vinasse, se gonfle et forme une mousse ou
croute verte qu'on racle avec soin. C'est ainsi que

toute la lame de cuivre se convertit en une espèce de rouille, qu'on pétrit avec de la vinasse, qu'on enferme ensuite dans des sacs de peau blanche, et qu'on expose à l'air pour la faire sécher. C'est sous cette forme qu'on répand dans le commerce cette oxide que j'appellerai, par abréviation, *oxide verdet*.

Cet oxide verdet que, d'après ce travail, on pourroit regarder comme un cuivre pénétré par l'acide du vinaigre qui se développe, n'a pourtant pas les propriétés salines. C'est un oxide de cuivre qui contient plus d'acide carbonique (oxigène uni au carbone) que de vinaigre : il tient le milieu entre l'état d'oxide et l'état salin.

On doit le choisir sec, d'une belle couleur et le moins rempli de taches qu'il est possible.

L'oxide verdet est d'un grand usage dans la peinture à l'huile et à la détrempe, ainsi qu'au lavis ; mais son emploi demande de l'expérience plus qu'aucune autre couleur. Soit qu'on l'employe seul, ce qui est rare, soit qu'on le fasse servir à d'autres compositions, on peut le considérer comme une des matières premières dans la partie des mélanges. La peinture délicate ne trouveroit pas dans l'oxide verdet toute la pureté qu'elle exige. On fait usage pour elle d'un genre de purification qui donne à cet oxide verdet un caractère salin, en le dépouillant en même temps de toutes les impuretés qui accompagnent le travail du verdet ordinaire.

Purification du verdet.

Verdet calciné. Verdet distillé. Verdet cristallisé.

Acétide de cuivre.

La Purification dégage de l'oxide verdet les matières qui lui sont étrangères. On y remarque en effet des fragmens de rafles de raisin, de petites lamelles de cuivre corrodé, et qui ont échappé à l'oxidation. L'art le purifie de toutes ces impuretés, en y unissant encore une nouvelle quantité d'acide du vinaigre ; et par cette addition, il donne à l'oxide cuivreux toutes les propriétés salines , celles de se résoudre dans l'eau et de cristalliser.

L'industrie hollandoise s'est emparée d'un genre de travail, dont la matière première étoit entre les mains des français.

On fait bouillir dans de grandes chaudières de cuivre une partie de verdet en poudre avec six à huit parties de vinaigre et même plus , selon sa force. L'ébullition dure une heure , et pendant tout ce temps on remue la matière avec un rateau. Lorsque la dissolution de l'oxide est complette, on ôte le feu de-dessous les chaudières ; on laisse reposer la liqueur jusqu'à ce qu'elle devienne claire. On plonge dans cette liqueur saline des baguettes d'osier d'environ un pied de long, fendues en quatre dans presque toute leur longueur.

On écarte les quatre branches par de petits coins de bois qui laissent entr'elles un intervalle d'environ deux pouces : on suspend ces petites pyramides avec de la ficelle , et on les y laisse jusqu'à ce qu'elles soient couvertes de cristaux.

On les retire alors, et on fait évaporer la liqueur saline jusqu'à - ce qu'elle forme une pellicule. On la laisse refroidir et on y replonge les bâtons pyramidaux qui se chargent d'une nouvelle quantité de cristaux. On continue cette opération jusqu'à ce que les intervalles des bâtons soient entièrement remplis de cristaux , de manière à représenter une pyramide en masse , dont le poids est de trois à quatre livres. Les cristaux sont de forme rhomboïdale , ou en lozange , d'une belle couleur verte et transparens , quand ils sont nouveaux. Au bout de quelques temps ils s'éfleurissent, c'est - à - dire , ils blanchissent et perdent leur transparence par l'effet de l'évaporation insensible. Ces cristaux composent l'*acétite de cuivre*, connu communément chez les Artistes sous le nom de *verdet distillé* , de *verdet cristallisé* , de *verdet calciné* (e).

(e) Chez les Artistes, on donne à certaines matières employées dans les différens genres de peinture, des dénominations plus propres à arrêter les Amateurs dans leur choix, qu'à les encourager. Le mot calciné, dont on compose l'adjectif de plusieurs substances, m'a souvent arrêté. On se sert souvent de cette ex-

L'acétite de cuivre est d'un beau vert transparent quand il est nouveau : il est d'un vert mat et pulvérulent lorsqu'il est ancien. Dans ce dernier état il est plus propre à être broyé à l'huile cuite. En général, il faut ôter toute l'eau de cristallisation aux couleurs de nature saline qu'on doit broyer à l'huile ; et on n'y parvient qu'en les mettant en poudre et en les exposant au soleil ou dans une étuve avant de les traiter à l'huile.

Les couleurs que l'on prépare avec l'acétite de cuivre (verdet cristallisé) sont bien plus éclatantes que celles qui sont faites avec le verdet. Son prix assez élevé empêche qu'on ne l'employe dans tous les cas. Il est donc réservé à la peinture du genre noble , ainsi qu'à celle que le vernisseur

---

pression pour les orpins , (oxide d'arsenic sulfuré jaune); et certes , si on traitoit cette substance à feu ouvert, elle se dissiperoit ; et dans les vaisseaux clos, elle prendroit une couleur rose ou rouge , et formeroit une rubine d'arsenic.

Il en est de même de l'acétite de cuivre, dont nous traitons, auquel on donne le nom de verdet calciné. (*Voyez composition du vert*). La calcination ressusciteroit le cuivre : le sulfate de zinc a partagé aussi cette dénomination.

C'est un véritable abus de mots que l'habitude conserve chez les ouvriers, et qu'il est convenable de faire disparoître , si on veut mettre le langage des arts à la portée de tout le monde.

destine à certains objets délicats, comme meubles, ouvrages en cartons, en métaux, etc. etc. ·

Les peintres en tableaux ont coutume de broyer cette couleur avec de l'huile d'œillet, et de la renfermer dans de petites vessies qu'ils percent pour en tirer, par la pression, ce qu'ils veulent employer. Cette couleur s'étend très-bien. Elle a de la transparence et on l'employe avec succès pour glacer certaines parties argentées, pour imiter les nappes d'eau, etc. Appliquée sur le métal, la lumière qui parvient jusqu'à lui, donne un beau reflet que la couleur fait encore valoir. Cette couleur mêlée au vernis de copal et répandue sur les paillons, produit un effet très-riche.

Liqueur vert-d'eau pour enluminures.

C'est avec cette même préparation qu'on fait la liqueur verd-d'eau qu'on peut préparer soi-même, si on s'occupe d'enluminures. On met une once d'oxide verdet réduit en poudre, dans le fond d'un matras avec huit à dix onces de bon vinaigre distillé. On place le matras sur un bain de sable chaud et on l'agite de temps en temps, jusqu'à ce que le liquide ait pris une belle couleur foncée d'un vert tirant au bleu. On laisse le mélange en repos, pour qu'il s'éclaircisse, et on le verse par inclination dans un vase propre qu'on tient bien bouché. Cette préparation sert pour les enluminures. On en dégrade la couleur, s'il en est besoin, en ajoutant un peu d'eau ou de vinaigre distillé dans la coquille où l'on trempe le pinceau.

Vert de vessie.

Le verd de vessie est la partie féculente du fruit du nerprun ou épine noire, ou bourgépine. On pile les baïes de nerprun lorsqu'elles sont noires et bien mûres. On les met à la presse et on en tire le suc. On mélange à ce suc un peu de sulfate d'alumine (alun) en solution dans une suffisante quantité d'eau : on fait évaporer le tout à un petit feu, jusqu'à ce qu'il soit amené à la consistance de miel. On enferme l'extrait dans une vessie de cochon qu'on lie et qu'on suspend à une cheminée pour le faire sécher.

Quand on veut se servir de cet extrait, on l'étend d'un peu d'eau à laquelle il donne une assez belle couleur verte. Cette couleur n'est guères d'usage que pour les enluminures d'éventails, lavis de plans, et autres ouvrages de ce genre.

On doit le choisir compacte, pesant et d'une belle couleur verte.

CHAPITRE SECOND.

Exposition physique sur l'origine des couleurs, appliquée aux couleurs matérielles, simples et composées ; suivie de la description des procédés que l'art met en usage pour varier le nombre et la richesse des teintes qui résultent de leur mélange.

Un des phénomènes les plus intéressans de la nature que la physique ait soumis à ses recherches, c'est celui qui accompagne l'émission de la lumière solaire. On étoit très-loin d'imaginer que ce fluide subtil, cet agent de nombreux phénomènes qui constituent la vie de la nature, ce générateur des couleurs variées qui ornent les corps organisés recouvrant notre terre et peuplant les mers, fut dans l'ordre des composés. Sa décomposition découverte par l'immortel Newton, et suivie avec tous les détails des expériences étonnantes qui composent son optique devint bientôt, au milieu des phénomènes qui l'accompagnoit, la base de la théorie que ce savant auteur expose sur la nature de la lumière, et sur l'origine des couleurs qui frappent le sens de la vue.

Isaac Vossius , qui vivoit avant Newton , avoit pressenti , avoit même avancé que les couleurs variées qui teignent les objets qui se présentent à nos yeux , résidoient dans les rayons solaires. Mais cette théorie, isolée de toute espèce de résultat capable de servir d'autorité, fut mise au nombre des ingénieuses hypothèses qui occupoient les physiciens de son temps.

Cependant les hautes déstinées de la physique, qui présidoient, sans doute, à la naissance de Newton, préparoient à la belle idée de Vossius les développemens successifs qu'elle prit sous l'expérience du prisme et sous l'influente direction de son sublime auteur.

Newton démontra en effet que les rayons lumineux , qu'il soumit à toutes les épreuves de l'analyse et de la synthèse , étoient composés de sept rayons primitifs , différens les uns des autres , non seulement par la variété de leur couleur, mais encore par la différente réfrangibilité de chacun d'eux.

Il sut profiter de cette décomposition de la lumière pour démontrer que ces rayons colorés , séparés les uns des autres et en quelque sorte , isolés , excitoient en nous la sensation d'une couleur fixe et primitive. Tel est l'ordre qu'on observe dans la décomposition d'un rayon de lumière reçu sur la surface réfringente du prisme, en observant ces couleurs de bas en haut. Le rouge , l'orange , le jaune , le vert , le bleu , le pourpre et le violet.

La facilité de cette séparation de couleurs dans l'analyse d'un faisceau de lumière , est l'effet de la différente refrangibilité de chacun de ses rayons. Newton a prouvé de plus que le degré de réflexion de chaque rayon coloré étoit rélatif à celui de sa réfraction.

La théorie des couleurs devoit être une des conséquences nécessaires de ces expériences , dont l'ensemble compose l'optique , ce chef-d œuvre de l'esprit humain. Il s'en suit , en effet , 1°. que le rayon lumineux est un composé de toutes les couleurs primitives , pures , inaltérables , et , conséquemment , exemptes de tout mélange secondaire qui en affoibliroit l'essence : 2°. que toute espèce de couleur n'est due qu'à une décomposition du rayon lumineux.

Ce phénomène appartient à la composition essentielle des corps qui y concourent , à la configuration particulière de leurs surfaces , à leur degré de densité et à leurs dispositions intérieures qui les rendent capables d'absorber telle ou telle portion du rayon lumineux, et de nous transmettre tel ou tel autre rayon coloré. Le corps coloré paroît alors sous la couleur simple du rayon coloré réfléchi.

Il est des corps dans lesquels la différence dans la contexture de leur surface , dans la nature des lamelles qui les composent , ainsi que dans leur épaisseur , produisent des phénomènes de réfraction et de réflexion plus variés , concourant à la réunion de plusieurs rayons colorés primitifs, et conséquemment, à l'apparition des couleurs secondaires ou composées. Les couleurs matérielles changeantes reconnoissent cette cause.

Dans la série des couleurs données par le prisme on parvient facilement à faire des couleurs intermédiaires. Mais un effet remarquable, c'est que moins la couleur est composée, plus elle est vive et parfaite. En la composant de plus en plus on parvient à l'éteindre, en rétablissant entièrement le rayon de lumière tel qu'il étoit avant sa décomposition.

Suivant la théorie de l'optique, le blanc qui résulte de la réunion de tous les rayons colorés primitifs et qui constitue la rayon lumineux; le noir qui les absorbe entièrement, et qui n'est que l'effet de cette absorption, ne sont pas des couleurs. Cependant la théorie des couleurs matérielles semble contrarier les beaux résultats qui naissent de l'observation physique sur la nature de la lumière. Le blanc et le noir existent en substance. Ils paroissent même concourir à augmenter le nombre des couleurs positives dans l'ordre des corps matériels. Ils deviennent au moins, sous la main de l'Artiste, de nouveaux moyens, de nouveau agens, pour modifier les tons des couleurs positives, de nature terreuse ou métallique.

La physique céleste paroît être plus riche en couleurs que la physique terrestre. La première admet sept couleurs primitives, et on n'en trouve

que quatre à la seconde, en supprimant le blanc
et le noir. Tels sont les jaunes, les rouges, les
verts, auxquels je joins le bleu d'outremer. Le
bleu indigo, le violet et l'orange sont des résultats secondaires de certains mélanges par lesquels
l'art, qui rivalise avec la nature, a su se rapprocher des tons qui appartiennent aux sept couleurs
primitives.

En admettant le blanc et le noir qui entrent
comme matière sur la palette du peintre, on possède six substances colorantes avec lesquelles on
peut imiter toutes les teintes que la nature se plait
à diversifier. C'est enfin à l'aide des mélanges simples ou composés que l'art parvient à déployer
la magie de l'illusion.

La science des mélanges n'est pas la moindre
partie du peintre en tableaux. C'est par leur
moyen qu'on a enrichi l'art en établissant un autre
ordre de couleurs, les couleurs factices, secondaires ou intermédiaires. Il convient de placer ici
un apperçu général sur l'effet de ces mélanges et
sur les attributs particuliers des couleurs matérielles primitives. Ce sont autant de préceptes qu'on
se plait à regarder comme étant inséparables de
l'art.

Le noir augmente l'obscurité de toutes les
couleurs et même il les efface, si la quantité est
considérable et prédominante.

Le blanc éclaircit les jaunes, les rouges et les
bleus. La force des teintes dépend des quantités

respectives des deux substances mélangées. Avec le bleu il en résulte une teinte plus ou moins claire et qui retrace la couleur azurée d'un beau ciel.

Le blanc mêlé avec art, avec les jaunes et les rouges produit une teinte qui approche de la lumière des chairs. Broyez un peu d'oxide céruse avec de l'eau gommée fort claire ; ajoutez un peu de rouge liquide et un peu de jaune citron, vous obtenez des teintes de chair qu'on peut varier à l'infini. Avec le rouge brun, il en sort un cramoisi superbe ; avec le rouge, une belle couleur carminée.

Le blanc mêlé d'un peu de noir produit un gris plus ou moins foncé : avec le bleu et une pointe de noir, il donne le beau gris de perle argentin.

Le jaune et le bleu font sortir différent verts, dont la vivacité et l'éclat dépendent des manières de les employer plus ou moins isolément. Avec le bleu rare liquide, on obtient une couleur de la plus grande richesse pour la miniature.

Le jaune d'or et le violet composent des couleurs de terre admirables et toujours en liqueur pour la miniature.

De même on retire la couleur jaune avec la couleur orange et le vert jaunâtre.

Le rouge ou le vermillon dépose de son éclat, de sa dureté lorsque les lumières sont éclaircies avec le blanc ou avec le jaune de Naples.

Le rouge brun avec le jaune citron, détrempés

à

à l'eau gommée , donnent une couleur aurore. En y mêlant le bleu rare liquide on obtient une couleur de bois d'un beau brun , c'est une vraie découverte pour la miniature.

Le rouge liquide , mêlé de violet , présente un riche pourpre : plus ou moins de l'un ou de l'autre donne naissance à un cramoisi plus ou moins rouge.

Le rouge liquide avec le vert de pré , donnent une couleur de bois que la miniature consacre à l'imitation des terrasses et des troncs d'arbres. (*f*)

Les peintres en tableaux mêlent de la laque carminée avec le cinabre ou vermillon , pour produire le bel effet du rouge vif destiné à rendre les parties plus sanguines, comme la bouche , l'ouverture du nez et des parties séparées dans les enfoncemens.

Lous les arts reconnoissent des principes généraux consacrés par une longue expérience. Si ceux, dont nous venons de donner l'esquisse , sont admis par les grands peintres , s'ils les suivent dans l'exécution de leurs chef-d'œuvres , ils ne doivent point demeurer inconnus aux

---

(*f*) Lorsqu'il est fait mention d'une couleur liquide , ou de son mélange avec de l'eau gommée , le cas s'applique à la peinture en miniature. Les autres combinaisons de couleurs regardent les autres genres de peinture , et particulièrement la peinture à l'huile.

Artistes qui se vouent à la peinture par impression, ni aux Amateurs qui veulent s'initier dans toutes les parties de cet art.

En général, les grands coloristes apportent toute leur attention à ménager le blanc dans les ombres, pour éviter des tons farineux et opaques. Les oxides de plomb et d'antimoine mélés, connus sous le nom de jaune de Naples, leur sont d'un grand secours. Ils font l'office de blanc dans tous les cas où il convient d'éclaircir les demi-teintes, ou de donner du reflet, sans en éprouver tous les inconvéniens. C'est encore avec le jaune que l'on peut produire, dans les ombres, des gris clairs, en le mêlant avec différens noirs, même avec l'outremer, lorsqu'il est question d'une composition soignée et riche.

Les Artistes s'accordent souvent à admettre des dénominations qui expriment l'état, ou l'étendue de la composition d'une substance. C'est ainsi qu'en peinture, on convient de donner le nom de *teintes vierges* à celles qui ne sont composées que de deux couleurs, comme le blanc et le bleu, le blanc et le rouge, le blanc et le jaune, le blanc et la laque, et ainsi des autres combinaisons simples qui résulteroient du mélange des autres couleurs sans le blanc : comme, par exemple, le vert produit par le jaune de Naples et le prussiate de fer (bleu de Prusse), la couleur orange créée par le mélange du jaune de Naples et de l'oxide rouge de plomb (*minium*) ;

le violet résultant du mélange de l'oxide de mercure sulfuré rouge (cinabre) et du prussiate de fer. Ces teintes vierges font de secondes couleurs locales, dont quelques peintres chargent leur palette comme couleurs secondaires, couleurs louches, qui ne sont pas de simples nuances d'un corps coloré, mais le mélange de deux ou de plusieurs couleurs primitives.

Toutes les couleurs simples ou composées, toutes les nuances de couleurs que la nature et l'art peuvent produire, et qu'on pourroit juger propres à différens genres de peinture, formeroient un catalogue très-étendu, si on ne s'attachoit qu'à certains caractères extérieurs, ou à l'intensité de leur teinte. Mais l'art fondé sur une longue suite d'essais, sur une expérience de plusieurs siècles, a prescrit des bornes à la consommation des substances colorantes, et à leur application à des genres particuliers. Il ne suffit pas qu'un corps porte une couleur pour entrer dans la classe des parties colorantes admises pour la peinture; il faut encore qu'à la propreté, à l'éclat, il joigne la solidité de la teinte, ou de la couleur qu'il porte. Ainsi toute matière terreuse, végétale ou animale, d'une teinte plus ou moins développée, ne peut pas toujours être considérée comme matière colorante nécessaire à la peinture. Elle ne peut prendre place sur la palette du peintre, ou dans le vase du vernisseur, que lorsque l'expérience a prononcé sur ses qualités essentielles.

Mais de ce qu'une substance colorée ne paroît pas être propre aux usages ordinaires des divers genres de peinture, il ne s'ensuit pas qu'on doive la rejetter entièrement. On applique tous les jours à des usages particuliers de détrempe et aux vernis, des couleurs dont on ne pourroit pas généraliser l'emploi sans inconvénient. Telles sont, par exemple, certaines couleurs extraites des végétaux et qui composent les stils de grain clairs et obscurs que les peintres jaloux de la durée des teintes qu'ils emploient, rejettent avec raison de leurs grandes compositions. Telles sont encore d'autres substances fournies par le règne minéral, les oxides d'arsenic sulfurés jaune et rouge (l'orpiment, le réalgar), qui rompent toute harmonie avec les couleurs les plus en usage, et développent, à la longue, les qualités les plus destructives qu'ils étendent même sur toutes les couleurs métalliques qui éprouvent leur contact, ou qui les avoisinent. Cet effet destructeur est dû à l'arsenic qui en fait partie. (g)

(g) La planche qui porte le nom de palette des peintres, est un vrai réservoir de couleurs primitives disposées sur une ligne : une seconde ligne parallèle est destinée aux couleurs composées ou secondaires. Les couleurs simples sont le blanc, le jaune de Naples, l'ochre de rue, la terre de Sienne, plus belle encore que l'ochre de rue ; l'ochre rouge ou l'ochre brûlée, la terre rouge ou l'ochre de rue brûlée ; le

Mais les corps colorés que les peintres en tableaux proscrivent, trouvent sous la main du peintre par impression un emploi très - étendu. Les changemens qui peuvent arriver dans le ton des couleurs uniformes, ne produisent pas des effets aussi importans que dans un tableau où le moindre changement dans les teintes coupe l'harmonie, contrarie les règles de la perspective, et remplace les vrais tons de la nature par des tons dégradés qui lui sont absolument étrangers.

---

vermillon, la laque ; le prussiate de fer (bleu de Prusse), le bleu de Saxe, l'outremer; le noir de vigne, le noir d'ivoire, etc. Toutes ces couleurs sont broyées a l'huile d'œillet, et ont la consistance que le peintre recherche.

Il arrive quelquefois, lorsqu'on travaille sur des impressions trop fraîches, ou sur des ébauches trop récentes, que la peinture s'imbibe et qu'elle prend un aspect gris, qui voile le véritable ton des couleurs. Un blanc d'œuf, battu avec quelques gouttes d'alcohol (esprit de vin), appliqué ensuite avec une éponge propre et sèche, leur rend leur première vivacité : mais dans tous les cas, sans excepter même ceux qui exigent de la célérité dans l'exécution du tableau, l'Artiste, jaloux de la durée de son ouvrage, se garde bien d'appliquer le vernis avant que les couleurs soient sechées à fond sous le blanc d'œuf, ce qui n'arrive guères qu'au bout d'une année. Après cet intervalle, la même éponge qui a servi à étendre le blanc d'œuf, rend le même office pour l'enlever, à l'aide d'un peu d'eau, sous la forme d'une écume jaunâtre. Tant que les légères frictions faites avec

Dans l'application des couleurs que la peinture par impression destine au vernis, le passage d'une teinte à une autre plus ou moins foncée est insensible, parce qu'elle devient générale. Rien ne coupe à la vue qui s'accoutume à cette transition qui peut même s'écarter du premier ton; et si l'effet ne paroît plus être le même, lorsque le souvenir rappelle le premier moment où la peinture jouissoit de toute sa fraîcheur, il n'a cependant rien de choquant.

---

l'éponge font paroître de l'écume, il reste du blanc d'œuf qu'il faut enlever.

Cette opération, ou application intermédiaire du blanc d'œuf, entre la confection du tableau de prix et l'application des vernis, a le double avantage de défendre les couleurs des impressions nuisibles de l'air et de l'humidité, et de les dépouiller d'une teinte jaunâtre qui ressort de l'huile, ou, peut-être, des couleurs elles-mêmes. Ces conditions étant rigoureuse- ment observées, les couleurs paroissent sous le vernis avec tous les développemens et toute la richesse de leur teinte.

Quelques Peintres Anglais, trop avides de jouissance, et qui se pressent de recueillir les fruits de leurs compositions, négligent toutes ces précautions. Plusieurs Artistes peignent même dans le vernis, et l'appliquent avec les couleurs. Cette méthode précipitée, donne du brillant à leurs compositions, au moment même de leur création; mais elle ne leur procure qu'une jouissance trompeuse et éphémère. Elle leur enlève la possibilité de nettoyer leurs tableaux, qui

Cette considération suffit pour autoriser l'emploi de substances colorantes plus communes, et par cela même moins dispendieuses, pour les cas où l'artiste doit répondre à une consommation un peu étendue.

Suffisamment disposés, par ces préliminaires, sur l'origine des couleurs, sur la nature des parties colorantes, et sur la théorie des effets de leurs mélanges, nous devons passer aux diverses compositions que le vernisseur met en usage.

---

sont sujets, d'ailleurs, aux gerçures et à l'extinction des couleurs. Enfin, il n'est pas rare de voir l'Artiste survivre à son chef-d'œuvre, et n'avoir plus rien à attendre de la postérité.

Tout ce qui tient à l'art du coloriste par impression, n'est pas étranger à celui de la peinture par excellence : de même aussi, les préceptes admis par les peintres célèbres, ne doivent point échapper à l'attention et à la recherche du vernisseur, auquel la peinture confie ses plus grands intérêts.

Les observations consignées dans cette note, sont le résultat très-raccourci des conversations instructives que j'ai eu occasion d'avoir avec un Peintre, mon ami et mon parent, qui a surpassé, depuis long-temps, les hautes espérances que Genève avoit conçues de ses premières études. Emule des plus grands Peintres en histoire, SAINTOURS ajoute une nouvelle colonne au temple mémorable que tous les genres de célébrité et de gloire élèvent, depuis trois siècles, au sein de sa patrie.

Composition des Couleurs.

Noir.

L'usage veut un choix dans les matières qu'on destine à la couleur noire. Les corps qui la produisent ne donnent pas tous le même ton. Suivant le catalogue des corps colorans, plusieurs fournissent le noir. Les parties charbonneuses des noyaux de pêches, du hêtre, de l'ivoire, des sarmens de vigne, le noir de fumée, celui de lampe, etc. y concourent d'une manière différente. Telles sont leurs propriétés :

Noir de pêche. Il est terne.

Noir d'ivoire. Il est nourri et très-beau, lorsqu'il est très-atténué sous la molette.

Noir au charbon de hêtre porphyrisé. Il est d'un ton bleuâtre.

Noir composé avec le noir de fumée. Il est de couleur minime. On le rend plus moëlleux , en le faisant avec un noir de fumée qu'on a tenu rouge pendant un quart d'heure dans un creuset exactement fermé. Il perd alors le gras qui accompagne cette suie.

Le noir de lampe est d'une qualité supérieure, quand on lui a fait subir la même préparation.

Noir de vigne fourni par le charbon porphyrisé de sarmens de vigne. Il est le plus foible et d'un gris sale lorsqu'il est seul et grossier ; mais il est d'autant plus noir que le charbon a été plus exactement divisé. C'est alors un noir très-recherché et qui foisonne beaucoup.

Les peintres en tableaux restreignent, pour la plupart, l'usage des noirs à ceux de vigne, de pêche de Cassel et de Cologne, et même à celui de momie dont les tons vigoureux et transparens présentent des qualités que les autres n'ont pas.

La consommation du noir de fumée est plus étendue dans la peinture par impression. Il sert à modifier la vivacité des tons d'autres couleurs, ou pour faciliter la composition des couleurs secondaires. Les peintures à l'huile dont on recouvre les rampes de fer, les balcons, les grilles ; celles qu'on mélange au vernis dont on recouvre les tabatières en carton, en fer battu et autres objets à fond noirs, consomment une assez grande quantité de ce noir. On peut donner à ces sortes d'ouvrages une grande solidité en les recouvrant de plusieurs couches du vernis mordant à l'or (5ᵉ. genre Nᵒ. 28, *page* 245 1ʳᵉ. *partie*) dans lequel on aura détrempé du noir de fumée lavé à l'eau pour en séparer les corps étrangers qui s'y insinuent par l'insouciance des ouvriers qui conduisent le travail.

Après l'application du vernis on sèche les pièces dans un four en leur faisant supporter une chaleur un peu plus forte que celle qui convient aux ouvrages de pâte de carton. Le jaune de Naples, qui entre dans la composition du vernis noir, est la base du brun foncé qu'on remarque sur certaines tabatières de fer battu, parce que cette couleur se change en brun en cuisant avec le vernis.

Blanc.

Le blanc est ordinairement très-fade lorsqu'on l'emploie sans aucun mélange. Les peintres décorateurs ont coutume de le relever par une petite pointe de bleu qui le rend plus vif. Tous les blancs, ou toutes les matières blanches, ne sont pas également propres pour la peinture au vernis ou à l'huile. La craie ne peut convenir qu'à la détrempe, parce que les deux autres genres de peinture lui donnent une teinte brune.

Ainsi donc pour un blanc de détrempe on prend le blanc de Bougival, espèce de marne ou d'argille crayeuse, qu'on broye à l'eau et qu'on détrempe à l'eau de colle. On l'égaye par une légère pointe de bleu d'indigo, ou de noir de charbon broyé très-fin.

Le blanc, destiné au vernis ou à l'huile, demande l'emploi d'un oxide métallique qui donne plus de corps à la couleur. On prend donc de l'oxide céruse réduit en poudre (*h*), qu'on broye

______

(*h*) Un Amateur n'est pas toujours monté en instrumens, comme le peintre par état. La pulvérisation de la céruse peut se faire chez le marchand ; mais elle n'est plus à l'abri des mélanges. Il est un moyen simple pour réduire cette substance en poudre, sans mortier et sans inconvénient.

On place sur une grande feuille de papier un tamis de crin, sur lequel on promène, par un mouvement cir-

avec de l'huile d'œillet , et un quart d'once (7,64
grammes) de sulfate de zinc (couperose blanche)
par chaque livre (489,14 grammes) d'huile.
On applique la seconde couche sans addition de
sulfate de zinc et on laisse sécher. On recouvre
alors par une couche du vernis N°. 3. Cette couleur est solide , brillante , et repose la vue.

On pourroit employer l'huile de lin cuite à la
place de celle d'œillet ; mais sa couleur nui-
roit un peu à la pureté du blanc. Les peintres ont
l'habitude de mettre sur le porphyre avec la couleur , une cuillère ou deux d'huile d'œillet ou de
noix non préparée, pour faciliter l'extension de la
matière , et pour retarder l'évaporation et le des-
sèchement de l'huile cuite. La dose de cette
huile ne peut pas être déterminée , elle est rélative à la quantité de la couleur qu'on se dispose
d'employer. Ma méthode assigne une cuillérée
ordinaire pour huit à neuf onces de matière à
porphyriser (275,14 grammes).

On prépare encore le blanc avec l'oxide blanc

---

culaire, un pain de céruse , en appuyant un peu contre
la toile. Le frottement en détache une poudre fine
qui se rassemble sur la feuille de papier. S'il s'en
élève une poussière incommode , ce qui arrive avec
une céruse très-sèche , on se place dans un courant
d'air , pour ne pas en être affecté. Cette céruse ainsi
divisée, se broye très-aisément sur le porphyre.

Les tamis, dont la toile est en fils de laiton , conviennent mieux que ceux de crin : ils durent plus long-temps.

de plomb pur , broyé avec un peu d'essence coupée d'un peu d'huile d'œillet et détrempé avec le vernis N°. 14. On peut encore détremper avec l'essence coupée d'huile et sans vernis qu'on réserve pour les deux dernières couches. Si on ne veut pas un blanc mat on aiguillonne la couleur avec un peu de prussiate de fer (bleu de Prusse), ou avec un peu d'indigo qui est préférable ici , ou enfin avec un peu de noir détrempé. Ce dernier tourne au gris. Mais le blanc de plomb pur , dont le prix est plus élevé que celui de l'oxide céruse , est réservé pour les meubles de prix. Dans ce cas particulier, si on cherche un très-beau blanc solide , on broye avec un peu d'essence et on détrempe avec le vernis N°. 3. *(Voyez 1ᵉ. partie)*.

Des Couleurs composées, dans lesquelles l'oxide céruse prédomine.

Gris clair.

L'oxide céruse broyé avec un peu d'huile de noix ou d'œillet , et mêlé d'une petite quantité de noir de fumée , compose un gris plus ou moins chargé , à raison de la quantité du noir. Une petite teinte de noir donne le gris blanc. C'est ainsi, qu'avec cette seule matière dosée différemment, on peut parcourir une assez grande variété de nuances , depuis le gris clair jusqu'au gris le plus foncé.

On broye cette couleur à l'eau , si on la destine à la détrempe. Ou la broye à l'huile de noix
ou d'œillet , si on veut peindre à l'huile ; et à
l'essence coupée d'huile d'œillet , si on veut la détremper au vernis. Cette couleur est très-solide
et très-nette , si on la détrempe avec le vernis
N°. 12 ; et le vernis N°. 14 la rend si solide
qu'elle peut supporter les coups de marteau , si,
dès la première couche , on l'a appliquée avec le
vernis et sans encollage.

Ces fonds gris-clairs sont très-recherchés pour
les appartemens, sur-tout lorsque les dispositions
locales les exposent à la vive lumière du soleil.
Les vernis que j'indique pour cet objet sont plus
solides que ceux à l'alcohol. On leur reproche
l'inconvénient de répandre un peu d'odeur pendant
quelques mois. On y obvie facilement en glaçant
avec un vernis à l'alcohol avec ou sans couleur.
Lorsqu'il est appliqué seul et sans couleur , la
glace en est plus vive, la couleur du fond ressort
avec plus d'éclat ; mais il se raie aisément. Pour
cette dernière couche , les vernis Nos 3 et 4 conviennent, et le N°. 6 pour le gris plus foncé.

Gris de perle argentin.

Si dans la composition précédente on remplace
le noir par une légère pointe de bleu ; ou si on
combine ce bleu avec une très-légère portion de
noir, on obtient le gris argentin ; mais pour ne

point altérer le fond par une teinte étrangère ,
on broye et on détrempe avec l'essence coupée
d'un peu d'huile d'œillet pour la première couche ;
pour les suivantes on broye avec le vernis N°. 12
adouci avec un peu d'huile d'œillet, et on détrempe avec le même vernis. Enfin le gris de
perle sortira avec plus d'éclat encore si on glace
la dernière couche avec le vernis à l'alcohol
N°. 3 , mêlé avec peu de couleur.

Gris de lin.

L'oxide céruse prédomine encore dans cette
couleur qui se traite du reste comme les autres
gris , avec cette différence qu'elle admet le mélange de la lacque au lieu de noir. On prend donc
la quantité de céruse qu'on juge devoir employer,
et on la broye séparément : on détrempe et
on ajoute la lacque et le prussiate de fer (bleu
de Prusse) broyés aussi séparément. Les quantités de ces deux dernières couleurs deviennent
rélatives au ton de couleur qu'on veut donner à
l'enduit.

Cette couleur est propre à la détrempe ; au
vernis et à l'huile. Pour le vernis , on la broye
avec le vernis N°. 13, mêlé d'un peu d'huile
d'œillet, et on détrempe avec le Vernis N°. 14.
Pour la couleur à l'huile , on broye avec l'huile
d'œillet sans préparation et on détrempe avec

l'huile de noix siccative résineuse. (1ᵉ. *partie*, *page* 120). L'ouvrage est brillant et solide.

Lorsque l'Artiste se pique d'une exécution soignée pour ces sortes de couleurs qui ont de l'éclat, il convient, avant de commencer l'ouvrage, de boucher les trous que les têtes de clous font dans la boiserie avec un mastic à la céruse ou avec celui des vitriers.

La première couche de couleur, en prenant le gris de lin pour exemple, est de céruse sans mélange, broyée à l'essence coupée d'un peu d'huile d'œillet et détrempée à l'essence. Si cette première couche laisse des traces inégales, il convient de poncer légèrement et à sec; cette opération, qui semble si éloignée du fini, contribue pour beaucoup à la grace et à l'élégance du poli lorsqu'on a appliqué le vernis.

La seconde couche est composée de céruse tournée au gris de lin par le mélange d'un peu de terre de Cologne, d'autant de rouge d'Angleterre ou de lacque, et d'une pointe de bleu de Prusse. Ce rouge d'Angleterre est plus solide que la laque. On fait d'abord le mélange avec une petite quantité de céruse, de manière qu'il n'en résulte qu'un gris enfumé par l'addition de la terre de Cologne. Le rouge qu'on y ajoute fait passer à la couleur de chair, que le bleu de Prusse détruit à son tour pour former le gris de lin foncé. L'addition de la céruse éclaircit le ton. Cette couche et la suivante se broyent et se détrempent au vernis comme ci-dessus.

Ce mélange de couleur, dont résulte le gris de lin, a de l'avantage sur la composition du gris argentin, en ce qu'il défend la céruse de l'impression de l'air et de la lumière qui lui font prendre une teinte jaunâtre. Le gris de lin ainsi composé est inaltérable. D'ailleurs l'essence qui forme le véhicule de la première couche contribue à faire sortir une couleur dont le ton diminue un peu par l'effet de la dessication. Cette dernière observation doit encore guider l'Artiste sur la teinte qui est toujours plus ferme dans un mélange liquide, que lorsque la matière qui le composoit se trouve étendue en couche mince et qu'elle est sèche.

N B. Toute espèce d'encollage dont on a pris l'habitude de faire précéder l'application des vernis, doit être proscrite comme abus très-nuisible, lorsque cette application se fait sur boiserie en bois de sapin. L'encollage se tolère pour le plâtre, mais sans mélange. Une simple couche d'eau de colle forte, étendue, suffit pour en occuper les pores de manière à ne pas faire plus de consommation de vernis que sur le bois.

Couleur

Couleur de bois de chéne.

L'oxide céruse fait encore la base de cette couleur. Trois quarts de cet oxide et l'autre quart composé d'ochre de rue, de terre d'ombre et de jaune de Berri, ces trois derniers ingrédiens employés dans des proportions qui conduisent à la teinte qu'on recherche, donnent une matière également propre à la détrempe, au vernis et à l'huile.

Couleur de noyer.

Une quantité donnée d'oxide céruse, la moitié de cette quantité d'ochre de rue, un peu de terre d'ombre, d'ochre rouge et d'ochre jaune du Berri composent une couleur propre à la détrempe, au vernis et à l'huile.

Pour le vernis on broye avec un peu d'huile de noix siccative, et on détrempe avec le vernis N°. 14.

Pour la peinture à l'huile, on broye avec l'huile d'œillet grasse coupée d'huile siccative ou d'essence, et on détrempe avec l'huile siccative simple, ou avec l'huile siccative résineuse. (*page* 120 *1e. partie*).

Jaune.

Des jaunes purs et modifiés.

La couleur jaune, ainsi que ses passages aux tons variés auxquels l'art l'amène, trouvent une application assez fréquente dans les usages de la société. Les différentes bases de cette couleur, ainsi que les rouges mêlés par une main exercée avec le blanc sont bientôt rappellés à des tons qui approchent de beaucoup la lumière des chairs.

Jaune de Naples et de Montpellier.

Le Jaune de Naples, ou celui de Montpellier, dont la composition est plus simple ; le jaune d'ochre de Berri, ou de tout autre lieu, mêlé avec de la céruse, broyé à l'eau, si on le destine à la détrempe, ou à l'huile de noix siccative coupée d'essence à parties égales, si on le destine au vernis, et détrempé avec le vernis N°. 12, si c'est pour des objets délicats, ou enfin avec le vernis N°. 14; donne une couleur très-belle, mais dont l'éclat devient dépendant des doses de céruse qui doivent varier à raison de la nature particulière de la matière colorante employée. Si le fond de la couleur est fourni par l'ochre et qu'on veuille peindre à l'huile, on peut se passer de broyer à l'huile coupée d'essence, l'essence seule peut suffire. Cependant l'huile donne plus de liant et plus de corps.

Jonquille.

Le jonquille n'est employé qu'en détrempe. On peut néanmoins le traiter au vernis. C'est une couleur végétale qui lui sert de base. Il se fait avec le stil de grain et l'oxide de céruse.

On broye avec le vernis N°. 13, et on détrempe avec le vernis N°. 14.

Jaune citron.

On fait un beau jaune citron en suivant la prescription des anciens peintres qui marient l'oxide sulfuré rouge et l'oxide sulfuré jaune d'arsenic. (réalgar et orpiment.) Mais ces couleurs, qu'on peut d'ailleurs imiter, ont contr'elles l'opinion défavorable qu'inspire leur qualité vénéneuse. Il convient d'y suppléer par le stil de grain de Troyes et le jaune de Naples. Cette composition est propre à la detrempe et au vernis. Broyée et détrempée avec les vernis indiqués pour la couleur précédente, il résulte une couleur solide éclatante et sans odeur, lorsqu'on applique pour dernière couche un vernis à l'alcohol.

Des Artistes conseillent pour la couleur paille un mélange d'oxide céruse et d'orpiment dans des doses rélatives au ton de couleur qu'on recherche. La même chose a lieu pour la composition du

jaune couleur d'or dont il va être fait mention.
La réussite avec ces mélanges n'est pas toujours
assurée, et il paroît présumable qu'elle tient à
quelqu'infidélité de la part du marchand de couleur qui substitue à l'oxide céruse quelque blanc
de nature argilleuse. Un peintre me présenta un
jour un mélange de céruse et d'orpiment, fait en
grande dose pour une partie de travail assez considérable en couleur paille. Le mélange étoit de-
venu, dans l'espace de quelques heures, d'un
brun olivâtre. Cet effet ne pouvoit être attribué
qu'à la présence de l'orpiment dont les parties
sulfureuses avoient agi sur l'oxide métallique.
Une légère odeur d'hydrogène sulfuré rendoit la
chose assez évidente. Mais comme l'orpiment
qu'on répand dans le commerce résulte quelquefois d'une combinaison artificielle, dans laquelle
le soufre n'est pas toujours assez exactement
combiné, j'ai dû m'assurer si l'orpiment naturel,
cristallisé en grandes lames, opéreroit le même
changement sur le blanc de l'oxide céruse. J'es-
sayai donc des mélanges en diverses proportions ;
et ils ont tous manifesté, dans leur ton, un passage d'autant plus brusque vers le brun, que la
quantité d'orpiment s'y trouvoit plus dominante.
Ces résultats, que le hazard m'a mis à même de
constater, m'ont porté à faire usage d'une autre base que celle de l'oxide de plomb pour le
fond principal de la couleur jaune d'or pour laquelle les peintres conseillent l'oxide céruse.

Jaune couleur d'or.

Il se rencontre souvent des cas dans lesquels on cherche à faire sortir une couleur d'or , sans faire usage d'une substance métallique. On donne alors à la composition , dont le jaune fait partie principale , une couleur qui puisse faire illusion. On y parvient avec le jaune de Naples ou de Montpellier éclairci par le blanc d'Espagne , ou par le blanc ou l'argille de Morat, mêlé d'ochre de Berri, et d'oxide d'arsenic sulfuré rouge (réalgar). Ce dernier, en petite quantité donne au mélange une couleur qui imite l'or , et qu'on peut employer à la détrempe , au vernis et à l'huile. Quand on la destine à l'huile, on broye avec l'huile de noix siccative ou pure, mêlé d'essence, et on détrempe avec l'huile siccative.

Couleur chamois.

Le jaune est le fondement de la couleur chamois , qu'on modifie par une pointe d'oxide rouge de plomb (minium), ou encore mieux, par l'oxide sulfuré rouge de mercure (cinabre), et la céruse en petite quantité. Cette couleur peut être employée à la détrempe , au vernis et à l'huile. Pour le vernis, on la broye avec moitié huile d'œillet ordinaire et moitié vernis N°. 13. On détrempe avec le vernis N°. 14. Pour la couleur à l'huile on broye et on détrempe avec l'huile siccative qu'on lui destine.

Couleur olive.

La couleur olive est aussi un composé dont on peut diversifier les nuances. Si à du jaune on mêle du noir et un peu de bleu, on compose la couleur olive. Ainsi le jaune de Berri ou d'Auvergne, un peu de vert de gris et du charbon, forment cette couleur. Elle est propre à l'huile et au vernis.

Quand on la destine à la détrempe, il convient de changer sa composition. Le jaune indiqué, l'indigo et la céruse, ou bien le blanc d'Espagne, deviennent les nouveaux ingrédiens de la couleur.

Broyer et détremper avec les vernis Nᵒˢ 13 et 14; avec l'huile, broyer à l'huile coupée et détremper à l'huile siccative.

Bleu.

Le Bleu se prend dans l'ordre des substances végétales, comme l'indigo; ou dans celui des substances métalliques, comme le prussiate de fer (bleu de Prusse); ou dans celui des substances minérales pierreuses, comme l'outremer; ou enfin dans celui des substances vitreuses colorées par un oxide métallique, comme le bleu de Saxe. L'outremer est plus spécialement réservé, à raison de son prix, à la peinture en tableau; le bleu de

Saxe même partage, en partie, cette prérogative.

Lorsqu'on employe sans mélange le prussiate de fer, ou l'indigo, la couleur qui en résulte est trop foncée. Elle n'a point d'éclat et souvent même la lumière la fait paroître noire; on a donc coutume de l'adoucir avec le blanc.

On prend autant d'oxide céruse qu'on croit en devoir employer à l'ouvrage entier qu'on entreprend: on le broye à l'eau, si c'est pour détrempe; à l'huile, si c'est pour vernis à l'essence, ou tout simplement à l'essence qui convient également pour la peinture à l'huile; et l'on ajoute assez de l'un ou de l'autre bleu pour arriver au ton de couleur qu'on désire.

Pour le vernis on broye ordinairement à l'huile d'œillet coupée d'essence, et on détremperoit avec le vernis N°. 12, si la couleur est destinée à des objets délicats; ou avec le vernis N°. 14. si on veut en recouvrir une boiserie. Cette couleur broyée et détrempée à l'huile siccative fait un bel effet, lorsqu'elle est recouverte d'un vernis solide à l'alcohol ou à l'essence.

Enfin, si l'on destine cette couleur à l'huile à des objets recherchés, comme des meubles de prix et sujets à des frottemens, on peut glacer avec le vernis de copal à l'essence N°. 18, ou celui N°. 22.

Cette couleur fait peu d'effet à la détrempe, parce qu'elle favorise peu le jeu de la lumière; mais bientôt elle acquiert du brillant et de l'éclat sous la lame vitreuse du vernis. Une détrempe vernie avec soin fait un bel effet.

L'emploi du prussiate de fer ne jouit pas du même degré de confiance chez tous les peintres en tableaux, parce qu'ils connoissent le peu de stabilité dans le ton de cette couleur, qui passe au vert plus ou moins rapidement. Il est vraisemblable que les parties colorantes qu'on cherche dans le plomb ou dans le bismuth, et qu'on employe fréquemment pour diminuer l'intensité du bleu, contribuent à ce changement. Ces couleurs empruntent à la lumière une teinte jaune qui réagit sur le bleu du prussiate et qui en fait une couleur composée, dont le vert plus ou moins décidé doit être le résultat. L'huile peut y coopérer.

En partant de ce principe que j'expose, et que je crois assez fondé, toute partie colorante intermédiaire, capable d'obvier à ce changement de teinte d'une manière plus ou moins victorieuse, doit concourir à la conservation de la couleur originelle du prussiate de fer. Quelques peintres employent avec succès la terre d'ombre et une pointe d'oxide rouge de mercure (vermillon) pour fixer le blanc de l'oxide blanc de plomb, et pour l'empêcher de passer aussi facilement au jaune. Les noirs rendent le même service, sur-tout le noir de vigne qui se marie si parfaitement avec la couleur du prussiate de Berlin; on assure même que cette addition, faites dans des proportions réglées par l'expérience, présente, sous la main du peintre, un ton plus vif, plus éclatant et en quelque sorte rivalisant avec le bleu d'outremer, après un espace de quelques années.

On sait que le mélange du prussiate de fer et du noir de vigne développe, sous la molette, une couleur tirant sur le violet. Elle prend ensuite une teinte jaunâtre qui se perd insensiblement, et qui disparoît au bout de trois à quatre ans, pour se revêtir d'un ton bleu très-riche et très-durable.

Ce mélange remplit le même but dans la peinture par impression. Le gris de perle prend une teinte azurée qui se conserve et qui empêche l'oxide céruse de pousser au jaune.

Autre Bleu fait avec le Bleu de Saxe.

Le bleu de Saxe, matière vitreuse colorée par l'oxide du cobalt, donne un ton de couleur différent de celui du prussiate de fer et de l'indigo. On l'employe pour les bleus de ciel. Il en est de même de la cendre bleue, préparation mêlée d'oxide de cuivre et de chaux. L'un et l'autre bleus supportent la détrempe, le vernis et l'huile.

Le premier demande à être broyé à l'huile siccative et détrempé au vernis N°. 14. Si on le traite pour la peinture à l'huile, ou détrempe avec l'huile siccative résineuse (*page* 120 1ᵉ. *partie*) qui donne du corps à cette matière vitreuse.

La cendre bleue peut être broyée au vernis N°. 1 mêlé d'un peu d'essence et détrempée au vernis N°. 3 , si la couleur doit être portée sur des objets délicats. Ou enfin , le vernis N°. 13, mêlé d'un peu d'huile siccative , servira à broyer , et le vernis N°. 14 à détremper , si la peinture doit recouvrir des plafonds , des boiseries ou autres objets de ce genre. Cette couleur est tendre , matte , et elle demande un vernis qui en relève le ton et qui lui donne du jeu. Le N°. 18 lui convient si l'objet demande un vernis solide.

Couleur verte et ses dérivés.

Vert-d'eau. Observations.

Toute couleur verte , simple ou composée , mêlée à un fond blanc , s'adoucit et donne le Vert-d'eau plus ou moins développé et plus ou moins tendre , en raison des quantités respectives des deux couleurs principales. Ainsi les oxides verts de cuivre , comme le vert de montagne , l'oxide verdet , l'acétite de cuivre cristallisé et séché , le vert composé avec la cendre bleue et le stil de grain de Troyes , ou tout autre jaune formeront , avec une base de couleur blanche , un Vert d'eau dont il est facile de changer ou de modifier les degrés d'intensité Le fond blanc se prend ordinairement dans le blanc de Bougival (marne blanche); ou dans le blanc de Troyes (craie); ou dans le blanc d'Espagne (argille pure) , lorsqu'on travaille en détrempe ; mais on le cherche dans un oxide métallique, quand on destine la couleur au vernis ou à l'huile. On prend alors l'oxide céruse, ou l'oxide blanc de plomb pur.

Vert-d'eau pour la détrempe.

On broye à l'eau séparément du vert de montagne et de l'oxide céruse, et on détrempe à l'eau de colle de parchemin en ajoutant de l'oxide céruse en dose convenable pour atteindre le degré d'intensité qu'on veut donner à la couleur. Watin, excellent juge pour tout ce qui tient à une pratique sûre et éclairée, conseille de se servir du stil de grain de Troyes et de l'oxide blanc de plomb dans des proportions que l'expérience indique, parce que la couleur qui en résulte est plus solide.

Dans le cas d'une composition triple, on commence par faire le vert en mêlant le stil de grain avec la cendre bleue, et on le dégrade jusqu'au vert-d'eau par l'addition de l'oxide céruse broyé à l'eau.

Vert-d'eau au vernis.

Le vernis demande que cette couleur ait plus de corps qu'elle n'en a dans la détrempe, et elle le trouve dans l'huile qu'on y mêle. Cette addition lui donne même plus d'éclat. En outre on remplace le vert de stil-de grain qui est de nature végétale , par un vert de nature métallique.

On broye séparément avec de l'huile de noix , moitié siccative et moitié grasse, une certaine quantité d'oxide verdet réduit en poudre et passé au tamis de soie ; et on délaye avec le vernis N°. 12 , si on applique la couleur sur des surfaces métalliques , ou enfin avec le vernis N°. 14.

D'un autre côté , on broye l'oxide céruse à l'essence ou à l'huile coupée de moitié d'essence : on mélange les deux couleurs dans des proportions rélatives au degré d'intensité qu'on veut donner à la couleur. On sent que la céruse constitue la partie principale de cette composition.

Si cette couleur est destinée à des objets d'un certain prix , comme nécessaires , toilettes , etc. l'acétite de cuivre (verdet cristallisé) seché et mis en poudre , remplace l'oxide verdet , et on recouvre d'une couche transparente du vernis de copal N°. 18 , ou de celui N°. 22.

Les verts-d'eau qui admettent dans leur composition des parties colorantes métalliques, sont solides et ne changent pas.

On peut se servir de ces dernières compositions pour la peinture en vert-d'eau à l'huile ; mais il convient d'éclaircir le ton un peu plus qu'avec le vernis , parce que cette couleur devient plus foncée par l'addition jaune que l'huile développe avec le temps.

Couleur verte pour portes , contrevents, grillages de fer ou de bois, treillages, palissades, balustres ; et pour tous les objets qui sont exposés à l'air.

La couleur verte plait assez généralement. La nature semble avoir disposé l'organisation particulière de l'œil à l'impression journalière de cette couleur qu'on recherche plus qu'aucune autre. Le vert et le bleu forment séparément des tons, dont l'harmonie sympathise le mieux avec les sensations procurées par la vue. Le vert est la couleur de prédilection pour la campagne ; delà, la préférence qu'on lui donne pour symétriser avec la nature dans la décoration des jardins et des promenades.

L'oxide céruse est encore la base principale de cette couleur, lorsqu'on veut l'amener au ton le plus agréable. On broye à l'huile de noix deux parties d'oxide céruse, et à l'essence une partie d'oxide verdet : on détrempe les deux couleurs avec moitié huile de noix siccative ordinaire et moitié huile de noix siccative résineuse *(page 120 1*e*. partie)*. Cette couleur paroît d'abord d'un bleu pâle ; mais elle passe au vert en bien peu de temps par l'impression de la lumière, et dans cet état elle est très-solide.

Watin observe que les doses de la céruse doi-être portées à un tiers de plus, lorsqu'on destine la couleur pour le centre des grandes villes, comme

Paris : sans cette précaution, elle prend un ton sombre, qui conduit au vert noir. On ne peut pas douter que cet effet ne soit dû à l'air épais, aux exhalaisons qui vicient l'air des grandes villes. L'oxide céruse y prend bientôt une teinte jaune, qui contribue à donner à l'oxide cuivreux une lumière plus foncée et plus triste. Dans ces cas particuliers, on doit préférer le blanc au jaune, pour donner le pied à la couleur verte. L'habitude des peintres est de jeter la première couche en jaune.

Couleurs de composition pour l'intérieur des appartemens.

Les couleurs de composition peuvent servir à la détrempe et au vernis, et elles seront d'autant plus solides que l'économie ne sera entré pour rien dans le choix des matières, et que l'oxide céruse aura été préféré au blanc d'Espagne ou à la craie. En général, les couleurs qu'on destine au vernis ou à l'huile veulent un blanc métallique.

Vert de composition.

Pour cette couleur ci, on prend deux livres d'oxide céruse, quatre onces de stil de grain de Troyes et une once de prussiate de fer (bleu de Prusse), ou d'indigo. Ce mélange procure un vert dont on peut diminuer ou augmenter l'intensité, par l'addition du jaune ou du bleu. On broye à l'huile mêlée d'un quart d'essence, et on détrempe dans le vernis N°. 12, ou dans celui N°. 14. L'un et l'autre contribuent à la solidité de la couleur. Si l'on veut faire disparoître l'odeur d'essence, on glace avec le vernis N°. 1, ou celui N°. 3, ou enfin celui N°. 6.

Couleur verte pour les corps sujets aux frottemens et aux chocs, comme les roues de voitures, etc.

L'extrême fatigue qu'éprouvent les équipages par les frottemens et les lavages continuels auxquels ils sont assujettis, prescrit l'emploi d'un vernis solide. Quelques ménagemens qu'on puisse attendre de la part des palfreniers, il est impossible que les mouvemens répétés d'une éponge qui se remplit de parties terreuses n'altèrent le meilleur vernis. Pour la solidité de l'ouvrage, on donne d'abord une teinte dure, avec un mélange d'huile de lin cuite, d'oxide céruse, qu'on a préalablement fait sécher sur un feu assez fort pour lui faire perdre le blanc, et d'un peu de sulfate de zinc (couperose blanche), à la dose d'un quart d'once par livre de matière. La seconde couche sera composée de la couleur verte précédente ; c'est-à-dire, composée de deux parties de céruse sur une partie de verdet, pulvérisés

et broyés avec l'huile cuite de noix coupée
d'un quart d'huile grasse d'œillet, et détrempés
avec l'huile siccative. Enfin, la troisième couche sera de la même couleur détrempée au vernis gras de copal, N°. 21, ou enfin N°. 22.

Couleur rouge pour les trains d'équipages, roues de carrosses, etc.

Les artistes varient sur la composition des premières couches. Watin conseille le rouge de Berri
(espèce d'ochre argilleuse) mêlé avec l'oxide
vitreux de plomb (litharge). D'autres peintres
préfèrent l'oxide rouge de plomb (*minium*).

Les couleurs qui ont pour base un oxide métallique sont toujours assez solides. L'on peut même
broyer avec de l'huile de lin ou de noix pures, et sans être dégraissées. L'oxigène (base
de l'air pur) dont l'union à la base métallique constitue l'oxide, ne manque pas d'agir
dans cette circonstance sur l'état de l'huile qui
acquiert bientôt les qualités d'une huile siccative. On peut encore hâter cet effet par le
mélange d'un peu de sulfate de zinc (vitriol
blanc), qu'on broye avec la couleur.

Ainsi, comme cette condition de la présence
de l'oxigène se rencontre dans le rouge de Berri
et dans le rouge de plomb, on peut prendre
indistinctement celle des deux substances qui se
trouve le plus à la convenance de l'artiste et de
l'amateur.

l'amateur. On préférera toujours la moins chère. Je prendrois donc l'une des deux bases pour la première couche, en y mêlant un peu de litharge porphyrisée, si c'étoit avec le rouge de Berri ; en broyant à l'huile, moitié grasse, moitié siccative, et en détrempant à l'huile siccative. La seconde couche seroit à l'oxide rouge de plomb, broyé avec huile siccative coupée de moitié essence. La troisième se feroit de même, mais avec l'oxide sulfuré rouge de mercure (vermillon cinabre). Enfin, je glacerois avec le vernis gras au copal n°. 23 ou celui n°. 22, aiguisé par un peu de vermillon, et je hâterois la dessication du vernis par un fort soleil, ou par un courant d'air bien établi.

On fait souvent le rouge, par économie, avec l'oxide rouge de plomb, sans vermillon.

Rouge de Buffet.

Le vernis au vermillon n'est pas borné au seul usage des roues et trains des voitures de luxe ; il en fait souvent le fond ; et, dans ce cas, on doit le traiter de la même manière : il demande cependant un peu plus de travail : après la teinte dure on ponce ; on applique le vernis à plusieurs reprises et on polit. Ce travail trouvera sa place ailleurs. La même couleur sert aussi à des objets de luxe intérieurs. Elle contribue assez bien à la décoration d'un buffet et à en faire sortir la richesse. On broye à l'huile cuite, coupée d'essence de l'oxide rouge de plomb , et on détrempe avec le vernis n°. 14. La seconde couche se fait au vermillon , qu'on égaye avec une pointe de jaune de Naples. Enfin, on applique une troisième couche avec le vernis peu chargé de vermillon de seconde couche. Ce vernis est très-solide. Il est du genre de ceux qui se polissent très - bien. Si on tient à faire dissiper promptement l'odeur, on glace avec un vernis du premier genre, mais il est moins solide.

Couleurs mélangées de rouge.

Rouge vif.

Le mélange de la laque avec le vermillon donne le beau rouge vif dont les peintres se servent pour rendre les parties sanguines. Ce rouge est quelquefois imité pour vernir les petits accessoires de toilettes. Il doit être broyé au vernis , délayé avec le même vernis , glacé et poli. Les vernis n°. 13 , pour broyer, n°. 14 pour détremper, et n°. 12 ou 22 pour glacer.

Cramoisi couleur de Rose.

De la laque carminée, celle qui est composée d'alumine (base de l'alun) chargée de la partie colorante de la cochenille , de l'oxide ceruse et du carmin, forment le beau cramoisi. La couleur de rose veut peu de carmin. Elle demande une pointe de vermillon et l'oxide blanc de plomb (blanc de plomb). La cherté de ces deux couleurs borne l'usage de ce vernis à des objets de prix.

Couleur violette.

Le violet se fait indifféremment avec le rouge et le noir ; le rouge et le bleu ; et pour le rendre plus éclatant, avec le rouge, le blanc et le bleu. On prend donc, pour composer un violet applicable au vernis, du minium, et encore mieux du vermillon, qu'on broye avec le vernis N°. 12, coupé d'un quart d'huile cuite, et un peu d'oxide ceruse : on ajoute un peu de prussiate de fer (bleu de Prusse) broyé à l'huile. On a bientôt trouvé les proportions les plus convenables pour le degré qu'on veut atteindre dans l'intensité de cette couleur. Le blanc éclaircit la teinte. Le vermillon et le bleu de prussiate séparés ou mêlés, ont des tons durs qui ont besoin d'être adoucis par l'intermède d'une substance qui modifie à leur avantage les reflets de la lumière.

Couleur maron.

Cette couleur est composée de rouge , de jaune et de noir. Le rouge d'Angleterre, ou de l'ochre rouge d'Auvergne , de l'ochre de rue et un peu de noir font le maron foncé. Cette composition est propre à tous les genres de peintures. Si on prend le rouge d'Angleterre, qui est plus sec que le rouge d'Auvergne, il convient, si on destine la couleur au vernis, de broyer avec l'huile de noix siccative. Le bol d'Auvergne peut être broyé avec le vernis N°. 13, et détrempé avec le vernis N°. 14.

Les artistes les plus expérimentés broyent les couleurs sombres à l'huile de lin, lorsque les localités permettent l'emploi de cette huile, parce qu'elle est plus siccative. Pour les dehors, l'huile de noix reclame la préférence. Ainsi les couleurs bois-de-chêne, bois-de-noyer, maron, olive, jaune même, demandent l'application d'une méthode que la réussite semble convertir en précepte : on a même l'habitude d'ajouter aux premières un peu de litharge porphyrisée : elle hâte la dessication de la couleur et lui donne du corps.

Cependant, si on a le dessein de recouvrir ces couleurs d'un vernis, comme cela se pratique assez communément pour l'intérieur des appartemens, on détrempe à l'essence coupée d'un peu d'huile. La couleur alors en est mieux disposée à recevoir le vernis sous lequel elle ressort avec tout l'éclat qu'elle peut emprunter du reflet de la lumière.

Cette méthode a sans doute un avantage marqué sous la main d'un artiste qui sait ménager l'extension de sa couleur, et qui ne lui donne qu'une épaisseur convenable et uniforme, surtout dans la première couche : cependant ce pro-

cédé de l'art tient tellement, pour son entière
réussite, à la main et à la conception de l'artiste, que nous ne craignons pas d'affirmer que
la méthode que nous avons souvent indiquée de
détremper les couleurs avec le vernis même a
souvent balancé dans ses effets, après l'impression, ceux de la première. Elle paroît même
s'accommoder un peu mieux avec l'inexpérience
du peintre novice. En effet, la détrempe à l'essence n'est pas exempte d'inconvéniens, lorsqu'elle
est appliquée sur bois blanc. Nous avons vu plusieurs de ces compositions se détacher par écailles, soit que la première couche ait été appliquée trop épaisse ou sans soins, ou enfin, qu'on
ait substitué des terres simples aux oxides métalliques. On peut d'ailleurs obvier assez facilement
à l'inconvénient qu'on redoute dans l'application
des couleurs détrempées dans le vernis même,
en ne mettant que peu de couleur dans la dernière impression du vernis, pour faciliter le beau
reflet de lumière sur le fond coloré, ou même
en la supprimant entièrement. Les vernis que j'ai
fait appliquer de cette manière souffrent tous,
sans s'écailler, les plus fortes percussions, même
avec le marteau : ils sont aussi brillants que
solides.

En nous fixant à ce nombre de couleurs qui
vient d'être indiqué, on sent bien que nous sommes encore loin des limites fixées pour les diverses gradations ou dégradations des tons pro-

noncés, des teintes modifiées, ou des simples nuances qui résulteroient de la variété qu'on pourroit admettre dans la distribution de ces mêmes substances colorantes. L'artiste, l'amateur, prévoyent, à cet égard, toutes les ressources de l'art. Il suffisoit de porter l'attention sur des couleurs déterminées, pour donner un apperçu des moyens que la nature met dans les mains du coloriste et du peintre, pour satisfaire le goût ou les caprices de l'homme opulent.

CHAPITRE TROISIEME.

De l'extension qu'on peut donner à l'emploi des vernis de Copal térébenthinés, Nos. 18 et 22, en les imprégnant de diverses parties colorantes solides, transparentes et propres à remplir l'office d'une glace sur les feuilles métalliques, unies ou guillochées ; à imiter les émaux transparens, et à réparer les accidens qui arrivent fréquemment aux pièces émaillées.

PL a c é au centre d'une ville de fabrique, où le travail des émaux et la peinture en émail sont parvenus à ce fini qu'il est rare de rencontrer ailleurs qu'à Genève ; j'ai souvent été le témoin des inquiétudes, des dépenses, des obstacles, des succès, et de cette activité peu commune qui accompagnent toujours les premières entreprises chez un peuple qui peut, en fait d'industrie et d'adresse, rivaliser, plus qu'aucun autre, avec les nations les plus industrieuses.

Il n'en est pas de la peinture en émail comme de celle qui ajoute au prix des porcelaines. La variété des bijoux, leurs formes délicates, la différence des alliages métalliques demandent des modifications dans la composition des couleurs et dans celle des fondans. Ces modifications, dont le besoin est assez annoncé par les fréquens accidens qui arrivent, en œuvre et hors d'œuvre, aux pièces émaillées, ne peuvent pas être saisies sur le moment; et aucun guide assuré ne conduisoit l'artiste dans ses recherches. Aucun ouvrage, que celui de Montami, ouvrage sans méthode, fort incomplet, et absolument inutile à l'art actuel; aucun ouvrage, dis-je, ne pouvoit captiver la confiance d'un peintre en émail dans ses entreprises. Alors elles sont toujours hasardeuses, quand il se trouve placé entre les demandes impératives du commerce, l'ignorance de toute théorie sur la nature des couleurs extraites des substances minérales, sur leur degré de vitrescibilité, et le besoin de rivaliser avec succès dans des découvertes qu'un peu plus d'étude, ou plus d'activité, ou peut-être plus de bonheur dans le hasard des mélanges attachoient à la fortune de quelques entrepreneurs. Un art ainsi créé, dans l'espace de deux ans, malgré les entraves qui doivent résulter du secret que les ouvriers d'un même genre observent entr'eux, est un des phénomènes les plus singuliers qui caractérisent l'activité Genevoise et le génie particulier des artistes de cette ville.

La fabrique de Genève, placée dans une ville du premier ordre, comme Paris, et, en quelque sorte, sous les yeux d'un Gouvernement puissant; dans cette ville où tous les moyens d'encouragement semblent se concentrer; où le secret des atteliers fléchit sous l'influence des sociétés de Savans et d'Artistes; l'état de dénuement dans lequel l'art de l'émailleur en bijoux se trouve à l'égard d'une théorie générale applicable à tous les titres de la matière précieuse qu'on met en œuvre, auroit été bientôt apperçu; et cette partie intéressante d'une nouvelle branche d'industrie auroit trouvé, sans doute, la même protection que l'entreprise des fabriques de porcelaine.

Il ne faut pas s'étonner si, malgré ses succès, l'art de l'émailleur, tel qu'on le suit chez nous, où les Artistes sont isolés des communications qui tourneroient à leur avantage; si cet art, dis-je, est encore privé des principes qui peuvent seuls en assurer la marche, et conserver à la postérité des découvertes que l'inconstance des modes peut anéantir. Il ne faut pas s'étonner si les plus beaux chef-d'œuvres de peinture en émail sont si fréquemment atteints d'accidens graves qui les priveroient entièrement de leur valeur, et qui les rendroient à charge aux négocians en ce genre, si on ne trouvoit aucun moyen de pallier ceux de ces accidens qui peuvent être réparés sans feu.

Les bijoux, sortis des mains de l'Artiste, ne sont plus guères susceptibles d'être repris sous œuvre : mais on est parvenu à réparer les petits éclats qui s'élèvent dans certaines compositions mattes, avec des mastics qui prennent la solidité d'un corps vitreux, qu'on peint ensuite et qu'on recouvre d'un vernis coloré. Dans les émaux transparens, cette correction est plus difficile. Il faut que la teinte du vernis corresponde avec celle de la couverte vitrifiée, que son éclat soit le même, et que sa solidité puisse égaler celle de l'émail même. On y parvient avec le vernis éthéré de copal (*première Partie, quatrième Genre, N°. 17.*), et par ceux N°s. 18 et 22. En faisant passer dans ces derniers vernis des couleurs qui imitent, par leurs teintes, celles qu'on extrait par vitrification des substances métalliques, on répond, non-seulement à tous les besoins de réparation des divers accidens qui arrivent aux émaux, mais on crée même un nouvel art que j'ai eu le bonheur de voir se réaliser sous mes yeux.

Le vernis de copal simple, ou térébenthiné, a une couleur ambrée qui s'éteint lorsqu'il est en œuvre. La subtsance huileuse, en contribuant à sa solidité, le rend en même tems, très-propre à se charger, beaucoup mieux que le vernis à l'alcohol (esprit de vin), de certaines parties colorantes résineuses végétales, avec lesquelles on peut imiter, jusqu'à un certain point, les couleurs qui ressortent, avec un si bel effet, dans les émaux transparens. On sent que pour conserver à ces vernis cette transparence qui

prépare l'illusion, et qui la rend même complette, il ne faut employer que des matières
résineuses ou salines entièrement solubles dans
l'essence. C'est de cette manière qu'ont été préparées les couleurs appliquées sur l'écusson de
la boîte d'ivoire que je présente à la Société,
comme un échantillon de la nouvelle fabrique
en vernis colorés imitant les émaux, et que je
dois à la reconnoissance d'un compatriote pour
lequel j'avois préparé les vernis.

Le vernis qui sert de glace *(i)* et qui prend
un beau poli, résiste mieux que le fondant vitreux
des émaux aux frottemens des clefs, des boîtes
ou étuis qu'on porte assez fréquemment dans
ses poches. L'usage qu'on a fait de cette boîte
pendant douze ans, en a fait disparoître le cer-
cle supérieur qui lui servoit d'ornement, sans
porter aucune atteinte au vernis.

L'artiste Mr. Chaponier, qui a su faire une
aussi heureuse application du vernis de copal,
d'après mon procédé, a quitté Genève sa patrie,
quelque temps après s'être adonné à cette nouvelle partie. Ses succès m'engagent à consacrer
ce chapitre à la coloration de ce vernis.

(i) Glacer, en terme de Peintre, exprime l'application d'une couche de matières transparentes sur un
fond coloré, de manière que la couleur de ce fond
en devient plus apparente, plus brillante ou plus légère. Ainsi, glacer est mettre une couleur qui a peu
de corps, ou une teinte transparente qui laisse appercevoir le fond sur lequel elle est couchée.

Couleur verte transparente.

On est souvent arrêté pour le choix des matières colorantes, quand on veut communiquer une
couleur à un liquide sans en intercepter la transparence. Il est telle partie colorante susceptible
de se transmettre à l'alcohol, ou même à l'eau,
et qui refuseroit de s'unir aux substances huileuses. Les préparations cuivreuses sous l'état salin
sont de cet ordre; tandis que les oxides cuivreux
(chaux de cuivre) résistent à l'action de l'eau et
passent dans les liqueurs huileuses. D'autres couleurs demandent des mordans de nature acide ou
alkaline, pour être disposées à passer dans l'eau,
et refusent toute espèce d'union avec les huiles.
L'indigo, l'orseille, la cochenille, le safran, le
safranum ou safran bâtard, le santal rouge
démontrent la vérité de ce précepte que l'expérience me fait admettre.

Cette variété dans les propriétés chimiques des
substances colorantes semble borner l'application de quelques-unes à certains véhicules et à
certaines circonstances, pour les rendre utiles
dans les arts. J'ai éprouvé des difficultés, lorsque (souvent sur la foi de ceux qui ont écrit
sur cette partie) j'ai cherché à procurer au vernis de copal térébenthiné toutes les couleurs susceptibles de produire un effet riche dans la peinture par impression, sans altérer néanmoins la

transparence du véhicule coloré. Il faut cependant convenir que l'état du corps qu'on fait servir à ces essais n'est pas toujours tel qu'il peut et qu'il doit être, s'il est pris dans l'ordre des substances salines. Un seul exemple pourra justifier cette observation.

J'ai fait le mélange de l'acétite de cuivre (verdet cristallisé) réduit en poudre avec le vernis de copal, pour donner à celui-ci une couleur verte transparente. Cette union que je tentois, étoit favorisée par la chaleur du bain-marie. Dès l'instant du mélange, une partie du copal s'est mise en grains : mais un peu de térébenthine, la température du bain et le mouvement ont enfin rétabli le vernis.

J'ai cru pouvoir attribuer cette séparation d'une partie du copal à la présence de l'humidité contenue dans ces cristaux pulvérisés : car la même expérience ayant été répétée avec une poudre d'acétite de cuivre parfaitement desséché, a très-bien réussi, en ne la projettant dans le vernis chaud que par petites portions. La couleur qui résulte de ce mélange est d'un vert superbe. Elle est moëlleuse et très-fournie, puisqu'une seule couche de vernis, étendue sur une lame métallique, produit sous cette couleur, un reflet de lumière d'un ton très-riche et très-agréable.

Autre Couleur verte.

L'oxide vert de cuivre, qu'on obtient en précipitant, par le carbonate de potasse (potasse)
en liqueur, une dissolution de cuivre dans un
acide quelconque, qu'on lave et qu'on fait sécher
ensuite, donne, par son mélange avec le vernis de copal, une belle couleur verte. Elle est
cependant inférieure à la composition précédente.

Autre Couleur verte de composition.

La théorie des couleurs composées trouve ici
son application. Le mélange de deux couleurs
simples produit une couleur composée, dont la
teinte plus ou moins décidée dépend de la quantité respective de chacune des deux. Le vernis
coloré à la terre mérite, ou à la gomme résine
gutte N°. 15 ou 16, mêlé au vernis coloré par le
prussiate de fer pur (page suivante) est plus beau,
plus lisse et plus extensible que le vert formé par
l'acétite et par l'oxide vert précipité du cuivre.

Couleur bleue.

Si le bleu d'indigo pouvoit s'incorporer avec
le vernis de copal et lui communiquer sa couleur, on ne seroit pas forcé de chercher cette
couleur dans une substance qui en altère la limpidité, et qui ne le colore qu'à la faveur de la

division extrême qu'on parvient à donner à ses parties. Le prussiate de fer (bleu de Prusse) sert de base à cette couleur.

Le prussiate de fer du commerce, mais de première qualité, communique à notre vernis une couleur bleue assez transparente ; mais elle n'a pas la richesse du reflet, ce velouté qui la rend agréable à la vue, quand on lui donne l'étendue qu'elle peut supporter sans s'affaiblir. On observe même dans son extension sur la lame métallique, des grains qu'on est tenté d'attribuer à l'effet d'une division incomplette, ou à la séparation de quelque matière terreuse, qui accompagne presque toujours le meilleur prussiate du commerce.

J'avois sous la main, lors de mes essais sur la composition de cette couleur, un prussiate résultant de mes expériences de cours ; il étoit absolument sans mélange d'alumine (base de l'alun). Je l'ai employé à la coloration du vernis, et l'expérience a parfaitement réussi Je l'ai répété plusieurs fois, et toujours avec le même succès. Ce bleu enfin, lorsqu'il est sous cet état de pureté, se marie si parfaitement avec le vernis de copal que sa transparence ne paroît pas en souffrir (*k*).

(*k*) Les Artistes ne sont pas appellés à faire le prussiate de fer pour l'avoir pur ; mais il n'en est aucun qu'une intelligence ordinaire ne mette à même de sépa-

Superbe Bleu liquide qui porte son mordant.

Il se présente quelquefois des circonstances qui autorisent l'application du vernis de copal sur une couleur qui auroit été détrempée avec un liquide gommeux ou mucilagineux. Les accidens qui arrivent aux émaux favorisent ces circonstances ; les émaux opaques ne craignent point l'impression qui résulteroit de l'application directe d'un acide minéral sur une lame métallique ; de même les émaux transparens, appliqués sur or ou sur argent, peuvent admettre, pour leurs réparations, des couleurs dont le mordant seroit pris dans l'ordre des acides minéraux, en consultant néanmoins leurs affinités particulières. Quant aux métaux dont la contexture seroit inférieure à celle de l'or et de l'argent, l'application des couleurs à mordant ne pourroit être entreprise qu'avec l'intermède d'un suc gommeux capable de défendre la lame métallique du contact

rer de celui du commerce, l'alumine ou base argilleuse qui provient de la décomposition de l'alun qu'on emploie pour sa préparation. On pulvérise le bleu ; on le place dans un bocal de verre ou dans une jatte de porcelaine avec de l'eau, mêlée d'acide muriatique (acide marin) : il s'excite un mouvement d'effervescence assez fort. Lorsqu'il est appaisé, on verse une nouvelle portion d'acide. Si le mouvement

tact du mordant. La couleur dont je vais détailler la composition, ainsi que celle du bleu d'indigo, dont nous parlerons ailleurs, sont du genre de celles qui exigent cette précaution préliminaire. J'en fis l'essai, il y a plus de trente ans, avec un dessinateur célèbre, connu par son zèle et les talens supérieurs qu'il consacroit au bien et à la gloire de Genève sa patrie ; car c'est aux conseils de Soubeyran et à la confiance que le gouvernement avoit en lui, qu'on doit le précieux établissement de l'école du dessin confié, en ce moment, à la direction particulière de la Société des Arts qui y a joint une école sur l'art de modeler, et une Académie dont les succès sont vraiment brillans. Cet artiste appliquoit ce bleu aux miniatures d'éventails etc., et il en faisoit le plus grand cas. Telle est sa composition.

---

n'a plus lieu, ou se contente de donner à la liqueur du prussiate une petite pointe d'acide : on abandonne le mélange pendant vingt - quatre heures ; après ce terme, on décante la partie claire ; on lave le sédiment avec de l'eau bouillante, on verse le tout sur un filtre de papier ; on jette alors sur le filtre un peu d'eau, jusqu'à ce qu'elle en sorte insipide ; on fait alors sécher le bleu qui reste sur le filtre, et on le divise sous la molette. La quantité s'en trouve diminuée ; mais l'intensité de sa couleur en est fort accrue : c'est alors qu'on peut regarder le prussiate comme sans mélange, et c'est ainsi qu'il doit être pour le cas présent.

On place dans un petit matras, ou dans une phiole à médecine, une once (30,57 grammes) de beau prussiate de fer (bleu de Prusse) réduit en poudre, sur lequel on verse une once et demie à deux onces (61,14 grammes) d'acide muriatique concentré (acide marin fumant). Le mélange fait effervescence, et le prussiate ne tarde pas à prendre la consistance d'une pâte liquide. On le laisse ainsi pendant 24 heures : alors on l'étend de huit à neuf onces (275,14 grammes) d'eau, et on conserve cette couleur ainsi étendue, dans une bouteille bien bouchée.

Cette couleur est très-foncée ; on en dégrade l'intensité, s'il en est besoin, avec une nouvelle dose d'eau. Tout ce mélange versé sur une pinte d'eau, présente encore une couleur assez foncée et propre au lavis.

L'usage de cette couleur, chargée de son mordant, demande l'emploi de l'eau gommée avec la gomme adragante. Le mucilage de la gomme arabique n'a pas assez de consistance.

Cette couleur, étendue avec de l'eau gommée séchée et recouverte du vernis au copal, feroit un très-beau paillon ou clinquant.

Jaune.

La gomme résine gutte et la terre mérite donnent des jaunes très-beaux, et communiquent aisément leur couleur au vernis de copal térébenthiné. L'aloès donne une teinte variée et orangée.

Rouge foncé.

Le sang - dragon infusé à chaud dans le vernis , donne des rouges plus ou moins foncés ,
suivant la quantité de résine colorante qui s'iden-
tifie avec le vernis. Ainsi il dépend de l'artiste
d'en varier les tons à volonté.

Quoique la cochenille , sous l'état de division ,
ne fournisse à l'essence que très - peu de couleur en comparaison de celle qu'elle donne à
l'eau , on peut néanmoins faire entrer le carmin
dans la composition du vernis coloré par le sang-
dragon. Il en résulte un rouge pourpre qu'il est
facile de nuancer.

Violet.

Le mélange du vernis carminé et au sang-dra-
gon ci-dessus, avec celui qui est coloré par le
prussiate de fer , donne le violet.

Je ne donnerai pas plus d'exemples sur la
communication des couleurs au vernis de copal.
Il n'est point d'artiste habitué aux manipulations
de cet art , point d'amateur doué d'une certaine
adresse , qui puisse être embarrassé pour trouver le ton de la couleur qu'il désire. Mais ce
qu'il importe le plus de consulter dans la réparation des émaux , et cette partie regarde le
peintre, c'est la nécessité de saisir l'ensemble
que présente le sujet de la peinture dont il faut
réparer les désordres , et de s'identifier en quel-

que sorte, avec l'idée du premier peintre qui l'a exécuté. Cette condition qui tient essentiellement au sujet, semble reclamer, pour la réparation, la même main qui en a jetté le premier ensemble.

Observations.

L'usage du vernis de copal ne peut pas être restreint aux objets que nous avons passés en revue. Jusqu'à présent nous l'avons plutôt considéré comme faisant partie du domaine du peintre que de celui du vernisseur. Ce vernis est appellé à une autre destination qui fait mieux ressortir ses propriétés et l'étendue de son utilité. On est assez prévenu, par tout ce qui vient de précéder, sur ce que son application soignée peut présenter de riche, d'éclatant et de solide, en la dirigeant sur des surfaces qui présentent elles-mêmes assez d'éclat, comme les substances métalliques. Cette qualité physique reconnue dans ces dernières, et la solidité de leur contexture, les rendent propres à des genres de fabrication qui sont exposées à des chocs, à des frottemens continuels, et qui ne sont pas à l'abri des altérations causées par l'humidité. L'application d'un vernis assez solide pour résister à ces différentes causes d'altération, et assez transparent pour conserver et même pour augmenter ce premier éclat métallique, ne peut qu'ajouter au prix de ces objets, qui en reçoivent d'ailleurs une espèce de décoration à laquelle on tient beaucoup. Les instrumens de physique, de mathématique, d'astronomie etc., manifestent assez les avantages qu'on retire de semblables compositions.

Lorsqu'on destine le vernis de copal à de petites pièces, comme il n'est pas question dans ce cas-ci d'une distribution savante de couleurs, l'application peut en être faite tout aussi bien par un amateur que par un vernisseur de profession. Mais s'il est question de grandes pièces, cette application exige de l'habitude et beaucoup de soins.

Une des conditions essentielle est rélative à l'état de la surface métallique. Elle veut être bien polie et mieux que dans le poli ordinaire. Alors on la fait chauffer sur une plaque de tôle placée sur un réchaud, de manière qu'on ait peine à en supporter l'impression sur le revers de la main. La chaleur doit être également distribuée dans toutes les parties de la pièce.

Cela fait, on trempe dans le vernis un pinceau large, à patte d'oie, fait de poils de petit-gris et très-doux. On le passe sans appuyer beaucoup, sur toute la pièce. Cette opération demande de l'adresse, afin que les reprises du pinceau ne paroissent pas. Il convient donc de ne pas trop charger le pinceau de vernis ; si on néglige ces précautions, la surface du métal porte des ondes, et souvent même elle se trouve tachée. Les ouvrages tournés, qu'on recouvre d'un vernis à chaud sur le tour, réussissent toujours mieux, parce que l'extension du vernis est plus égale ; d'ailleurs ce travail facilite le poli. Quand on apperçoit des ondes, on peut y remédier en partie, en approchant la pièce contre la plaque de tôle, sans l'y faire toucher. L'impression éloignée de la chaleur rend le vernis plus uniforme.

Si on cherche à donner une couleur d'or, on peut appliquer deux à trois couches successives du vernis coloré et mutatif, qu'on recouvre d'une dernière couche au vernis de copal non coloré, N°. 18. On peut encore communiquer au vernis de copal les parties colorantes du vernis mutatif troisième genre, N°. 15, ou bien faire usage du nouveau vernis, N°. 22, fait avec le copal d'un seul feu.

Si des circonstances particulières, déterminées par le genre de fabrication de la pièce qu'on voudroit vernir, empêchent de la chauffer, on applique le vernis à froid ; mais on approche la pièce du feu, ou on l'expose dans une étuve, dont la chaleur dispose le vernis à s'étendre d'une manière plus égal , et à paroître avec tout son lustre. Un soleil vif et un air pur produisent le même effet.

Si ces sortes de vernis viennent à se salir par l'usage, on lave la pièce avec de l'eau tiède, et on essuye avec un linge fin. Ils sont ennemis du contact des corps durs. On peut, si le cas l'exige, ajouter un peu de savon à l'eau tiède.

Application des vernis de Copal aux réparations des émaux opaques.

Les proprietés qui se manifestent dans ce vernis, et qui le rendent propre à remplacer la glace vitreuse et transparente des émaux, par une couverte aussi brillante, plus solide et qui prend pied sur les compositions vitreuses et sur les surfaces métalliques, permettent de n'en pas restreindre l'usage aux objets spécifiés jusqu'à présent. On peut, par de légères modifications, le faire également servir aux réparations des émaux opaques fracturés. Ces sortes d'émaux se prêtent à l'emploi des mastics colorés en masse ou superficiellement, par le vernis de copal chargé de parties colorantes. Ils doivent conséquemment présenter, dans les réparations dont il s'agit, moins de difficultés que les émaux transparens, parce qu'ils n'exigent pas les mêmes reflets de lumière. Ainsi donc, des compositions de pâtes, dont les fonds divers pourroient toujours se trouver en harmonie avec les couleurs ou le fond des pièces à réparer, et qu'on pourroit encore raffermir avec la même teinte portée dans le vernis solide dont on glaceroit ces pièces ; ces dispositions, dis-je, rempliroient merveilleusement les vues de l'artiste réparateur.

La base du mastic doit être d'argille pure, sans couleur, et très-séche. L'oxide céruse peut

seul remplacer l'argille, si on cherche la solidité. L'huile siccative d'œillet est fort bien indiquée pour excipient. La consistance du mastic
doit être telle, qu'il puisse s'étendre sous l'impression d'une lame d'acier d'une flexibilité moyenne. Ce genre de pâte séche assez promptement.
Il a encore l'avantage de présenter aux couleurs
qu'on peut y appliquer avec le pinceau, un pied,
ou une espèce de teinte dure, qui contribue à
leur solidité. Le vernis N°. 1, premier genre,
est très-siccatif. Son application répondroit aux
circonstances qui exigent de la célérité dans la
réparation des pièces endommagées.

Dans les cas d'une plus grande presse, on
pourroit former la pâte avec l'oxide céruse et le vernis de copal N°. 18, ou 22 qui séche plus promptement que l'huile d'œillet, et glacer ensuite les
couleurs avec le vernis éthéré de copal, quatrième genre, N°. 17.

L'application du mastic ne seroit jugée nécessaire que dans le cas où l'accident arrivé à l'émail
laisseroit trop de profondeur pour être remplie
par plusieurs couches de vernis coloré. Mais dans
tous les cas, on doit s'attacher à bien sécher le
vernis, pour qu'il puisse prendre tout son brillant sous le polissage.

Quoiqu'il soit plus aisé de substituer des pâtes
ou mastics qu'on colore ensuite superficiellement
par des couches de couleurs analogues au sujet,
il peut se rencontrer des circonstances pour les-

quelles on donneroit la préférence aux mastics colorés dans toute leur substance. Et quoiqu'il soit assez facile à tout artiste chargé de semblables réparations de déterminer le genre de matière convenable, il ne peut pas être inutile de présenter ici un apperçu des substances colorantes dont l'usage est fondé sur l'expérience.

Blanc.

L'oxide blanc de plomb, l'oxide céruse, le blanc d'Espagne, l'argille blanche, celle de ces substances qu'on préfère, doit être desséchée avec soin. La céruse et les argilles retiennent opiniatrément beaucoup d'humidité entre leurs parties. Cette humidité s'opposeroit à leur adhérence avec l'huile siccative ou avec le vernis qu'on leur appliqueroit. Le mastic alors s'égraine sous les doigts et ne prend point de corps.

Noir.

Noir de fumée, noir de vigne, noir de pêche. Le noir de fumée doit être soigneusement lavé et desséché après le lavage. Le lavage emporte les impuretés. Le noir de lampe foisonne beaucoup sous l'éclat du vernis.

Jaune.

Oxide jaune de Naples, de plomb, de Montlier. L'un ou l'autre réduit en poudre impalpable.

Ces jaunes craignent le contact du fer et de l'acier : une spatule de corne, un mortier et un pilon de verre servent seuls au mélange.

Gomme résine gutte, ou ochre jaune, ou stil de grain, suivant la nature ou le ton de jaune à imiter.

Bleu.

l'indigo. Prussiate de fer (bleu de Prusse). Cendres bleues, outremer. L'une ou l'autre de ces substances, très-divisée.

Vert.

Oxide verdet. Acétite de cuivre (verdet cristallisé). Vert de composition, (mélange du jaune et du bleu).

L'emploi des deux premiers demande le mélange du blanc en proportions convenables, depuis un quart jusqu'aux deux tiers, selon la teinte qu'on recherche. Le blanc se prend alors dans l'oxide céruse, ou dans l'oxide blanc de plomb, ou dans le blanc d'Espagne, qui est moins solide, ou enfin dans le blanc de Moudon.

Rouge.

Oxide de mercure sulfuré rouge. (Cinabre, Vermillon).

Oxide rouge de plomb (minium).

Diverses ochres rouges, ou les rouges de Prusse, etc.

Pourpre.

Cochenille. Carmin. Lacques carminées. Avec la ceruse et l'huile cuite.

Rouge brique.

Sang - dragon.

Couleur chamois.

Sang - dragon avec une pâte composée d'oxide sublimé de zinc (fleurs de zinc) ; ou encore mieux, un peu d'oxide de mercure sulfuré rouge (vermillon).

Violet.

Oxide de mercure sulfuré rouge, mêlé de noir de fumée lavé et bien sec, ou du noir de vigne ; et pour le rendre plus moëlleux, mélange convenable de rouge, de bleu et de blanc.

Gris de Perle.

Blanc et noir. Blanc et bleu. Ainsi oxide céruse avec noir de fumée. Même oxide avec l'indigo.

Gris de Lin.

Oxide céruse qui fait le fond de la pâte, avec le mélange d'une petite quantité de terre de Cologne, d'autant de rouge d'Angleterre, ou de laque carminée, qui est moins solide, et d'une pointe de prussiate de fer (bleu de Prusse).

Remarques.

On sait que ces mélanges ne connoissent point de règles fixes sur la quantité des matières qui les composent. Ils sont subordonnés au goût de l'artiste et au ton qu'il convient de donner à la couleur.

Toutes ces diverses méthodes paroissent se rapprocher plus ou moins d'un genre de peinture d'impression, qui alimente une branche d'industrie très-lucrative, et qui met bien des bras en activité ; je veux parler de celle qui tient à la fabrication des paillons, de l'oripeau ou feuilles de clinquant colorées, qui se prêtent si heureusement aux fabriques de boutons, des broderies en paillettes colorées, et d'une infinité de bijoux d'une consommation journalière fort étendue. Ces lames métalliques très-minces d'argent, de cuivre, de laiton ou d'étain, remplissent à-peu-près, sous les noms de paillons, de clinquant, le même office que nos émaux recouverts d'un vernis de copal coloré ou non coloré, et qu'on peut désigner sous le nom de *faux émaux*. Si ceux-ci paroissent différer des paillons par la consistance qui dépend de l'épaisseur qu'on donne aux lames métalliques et de l'application successive de plusieurs couches d'un vernis solide : s'ils en diffèrent encore par le corps même du vernis, qui n'admet point de ces sauces qui constituent la partie colorante des paillons et des clinquans; ils paroissent s'en rapprocher par le genre de leur composition, quoiqu'elle semble encore enveloppée du voile du mystère. Je crois devoir consacrer ici les apperçus, les seuls éclaircissemens que j'aie pu tirer sur la fabrication des paillons, dans la seule idée de satisfaire les personnes qui desireroient d'y donner plus d'étendue et de joindre cette branche à l'art du vernisseur, parce qu'elle lui appartient.

Des Paillons.

On doit se rappeller que certaines parties colorantes de nature extracto-gommeuse, sont plus disposées, par cette seule circonstance, à passer dans l'eau que dans l'alcohol et dans les huiles essentielles : que d'autres parties colorantes, telles que celles qui sont extraites des substances minérales, n'éprouvent qu'une grande division, comme le prussiate de fer, les oxides verts de cuivre, etc. Lorsqu'on examine avec soin la nature de la partie colorante qui décore diverses espèces de paillons, on ne s'arrête pas toujours à l'idée qu'elle ne peut être dûe qu'à des vernis colorés, quoiqu'on ne puisse pas les exclure de tous les cas de coloration en ce genre. J'ai cru m'appercevoir, d'après quelques recherches suivies, que quelques-unes de ces parties colorantes appartenoient au genre des compositions qu'en terme d'art on appelle *sauce*, qu'on recouvroit ensuite d'un vernis transparent qui les pré-

servoit des atteintes de l'humidité , et qui con-
couroit , avec l'éclat métallique , au bel effet
qu'elles ont coutume de produire. On peut en
varier les procédés relativement au ton et aux
nuances de couleurs qu'il est facile de rendre
plus ou moins nerveuses. Ceux que je présente
ont été exécutés en partie , avec succès.

Première préparation.

On fait tremper , pendant 24 heures , de la
colle de poisson dans de l'eau de fontaine pure.
On l'expose ensuite à l'action de l'eau bouillante,
pour achever la solution de la gélatine , (base
de la colle forte qu'on retire des substances animales). On passe le tout par un linge double
ou par le molleton , et on fait évaporer de
manière à ce que la solution de la gélatine se
prenne en une colle tremblante , c'est-à-dire
pas trop épaisse, lorsqu'on l'a exposée à la cave
pendant deux à trois heures.

Seconde préparation.

On trempe les feuilles métalliques polies d'argent , de cuivre , de laiton ou d'étain (ces dernières ne servent guères que pour les cuirs dorés,
ou pour les décorations en carton mâché) qu'on
veut colorer ; et on les trempe les unes après
les autres , et à mesure qu'on peut les travailler, dans une légère eau seconde ; c'est de l'eau
imprégnée d'un peu d'acide nitrique (eau forte)
par exemple , un huitième , un dixième , un dou-

zième d'acide. Cette immersion décape le métal
et le met au vif. On l'essuye exactement et
sur le moment même ; on passe la colle dessus, et on la laisse sécher pour recevoir la couleur.

Couleur bleue.

On peut faire usage du très-beau bleu liquide
dont nous avons donné la composition page 176
de cette seconde partie. Les lames d'argent et
de cuivre doivent être préférées à celles de laiton pour ce genre de couleurs qui porte un
mordant. On donne à ce bleu l'intensité qu'on
desire, par l'addition d'eau ordinaire.

Autre Bleu.

On prend une partie d'indigo Guatimalo, qu'on
place dans une phiole sur le sable chaud, avec
deux parties d'acide sulfurique du commerce (huile
de vitriol). Il y a effervescence. Lorsqu'elle est
passée, on ajoute dix à douze parties d'eau propre. Cette espèce de dissolution porte le mordant, et le bleu en est très-beau. C'est la composition du bleu de Saxe. Les observations que
nous avons faites en traitant du bleu précédent,
relativement à la nature des lames métalliques,
ont aussi leur application à ce genre de couleur.
Elles doivent être de cuivre ou d'argent.

Vert.

On peut faire le vert de composition en mêlant
une décoction de graine d'Avignon avec un peu
de liqueur bleue. On peut encore le faire en
se servant immédiatement de la solution d'acétite de cuivre (verdet cristallisé) telle que nous
l'avons rapportée à l'article acétite de cuivre,
page 121, seconde partie. La couleur vert-d'eau
peut être également imitée.

Rouge.

On peut extraire un rouge foncé de la décoction de cochenille, dont on peut varier la teinte
par l'intermède d'une grande dose d'eau. Ce rouge
tire sur le pourpre.

Le rouge de Santal peut être extrait par l'alcohol, dont l'évaporation fourniroit un moyen
de concentrer cette partie colorante. On peut
encore tirer la partie colorante par l'intermède
de l'eau, faire évaporer l'eau et présenter l'extrait à l'alcohol.

On peut suivre un procédé à-peu-près semblable pour porter sur le paillon la couleur rose
de safran bâtard. Cette partie colorante trouve
son dissolvant dans le carbonate de soude (cristaux de soude), comme on l'a vu page 103 de
cette seconde partie ; on la précipite de la soude
par l'intermède de l'acide du limon qui s'empare de l'alcali. Pour l'opération présente, on

sépare

sépare cette partie colorante de l'eau qui surnage, par le moyen de quelques bandes de toile
de coton ou de méches de coton, dont un bout
trempe dans le liquide, tandis que l'autre extrêmité pend en dehors du vase. Toute l'eau en
est soutirée comme par un filtre. On présente
alors la partie colorante à un bon alcohol, qu'on
étend ensuite, par couches successives, sur les
lames métalliques.

Violet.

On extrait la teinture de l'orseille dont la partie colorante passe aisément dans l'eau. Il en
résulte un gros violet. On peut l'éclaircir, en trans-
portant cette partie colorante dans de l'alcohol
qui agit sur elle aussi bien que l'eau. Ainsi, dans
ce second cas, on prend l'alcohol pour principe
de solution.

La partie colorante de l'orseille est tenue en
dissolution par l'ammoniaque (alkali volatil) dégagé
de l'urine par la putréfaction. On précipite cette
partie colorante passée dans l'eau, dans le cas
de la décoction aqueuse, par l'addition d'un peu
d'acide du limon; alors elle se rassemble au fond
du vase. On peut, pour la séparer de l'eau qui
surnage, employer le même genre de filtration
qui a lieu pour la partie colorante du safranum; ou
bien l'enlever par l'alcohol dans lequel on verse
quelques gouttes de liqueur de carbonate de po-

tasse (huile ou solution de sel de tartre), pour éclaircir la couleur et pour la faire tourner au beau violet. La décoction concentrée de l'orseille appliquée aux lames métalliques, présente un moyen de coloration plus bref.

Lilas.

On renferme de l'orseille dans un nouet, on le met tremper dans de l'eau, jusqu'à-ce qu'il ne donne plus qu'une couleur rose. Alors on le fait bouillir dans une nouvelle eau dans laquelle on concentre la couleur restante, et on applique de cette décoction froide sur les lames métalliques préparées à l'eau de colle de poisson.

Rubis.

On fait bouillir du carmin, ou enfin de la laque carminée dans de l'eau, et lorsque la décoction monte, on ajoute quelques gouttes d'ammoniaque (alkali volatil); on laisse déposer la liqueur à froid, et on s'en sert sans la filtrer. On pourroit, à ce que je crois, remplacer le carmin ou la laque, par une décoction de cochenille.

Rose.

Pour faire le rose, on ajoute à la couleur précédente une nouvelle dose d'eau, jusqu'à-ce qu'on soit parvenu au ton de la couleur qu'on cherche. Le safranum ou safran bâtard, donne dans la dégradation de sa couleur, des roses de diverses nuances. La décoction du bois de Brésil mélangée de dissolution d'étain dans l'acide nitrique, donne aussi des tons roses.

Ponceau.

Etendez une couche de la couleur rubis, et par-dessus une seconde couche de la teinture de safran oriental tirée à l'eau froide par une macération de quarante-huit heures.

La couleur capucine, le jaune, le jonquille, se feroient de cette façon, en donnant des doses de couleurs plus ou moins fortes.

Prune, ou autres bruns.

Une couche de couleur lilas, et par-dessus une couche de couleur verte ou bleue.

Observations.

On ne doit appliquer les secondes et troisièmes couches de couleur que lorsque la précédente est parfaitement séche. Il faut d'ailleurs éviter de passer plusieurs fois sur le même endroit, parce que la nouvelle couche, quoique froide, détrempe les premières. Ainsi c'est toujours un avantage de donner au bain de couleur une teinte très-foncée , parce qu'elle dispense de revenir trop souvent sur l'impression.

Ces diverses teintes de couleurs n'auroient pas la solidité qu'on leur remarque sur les paillons, sur le clinquant ; elles seroient facilement enlevées par l'effet des pluies , ou par la seule impression des brouillards , si on ne les en préservoit en les recouvrant de vernis. Les vernis qu'on a coutume de consacrer à ce genre de fabrication sont ceux qui composent notre premier genre, c'est-à-dire , les vernis siccatifs à l'alcohol. Ainsi, on peut faire usage pour ces objets, de ceux N°. 1 , 2 et 3 : et si on vouloit ajouter à la solidité et à une plus grande conservation des teintes, employer le vernis de copal N°. 18 ou N°. 22, quatrième genre ; mais il répandroit dans l'origine un peu d'odeur, qu'on pourroit couvrir par une couche de vernis à l'alcohol. Ce genre de fabrication ne demande pas ce degré de solidité.

CHAPITRE QUATRIEME.

Des préceptes qui doivent être toujours présens à l'esprit de l'Artiste ou de l'Amateur, dans l'emploi des vernis sans couleurs, ou colorés. Des différens genres de la Peinture d'impression. Des toiles et taffetas cirés au vernis.

LA meilleure composition de vernis, les plus exactes combinaisons dans les couleurs ne suffisent pas, pour les faire ressortir avec tout l'éclat qu'il est possible de leur donner. Il faut encore une main exercée pour leur application ; il faut enfin que le goût domine l'amateur qui n'a pas encore acquis l'habitude du travail.

Les instrumens dont les peintres d'impression se servent sont peu compliqués et en petit nombre. Une pierre lisse, une molette, une spatule, ou couteau flexible, pour ramener sous la molette les couleurs éparses sur la pierre à broyer, ou enfin pour les enlever ; des brosses, quelques pinceaux, quelques vases ou pots à couleurs pour détremper ; voilà tout ce qui constitue les instrumens nécessaires à l'amateur, pour l'emploi des vernis et des couleurs.

On ne peut pas mettre en œuvre les couleurs telles que le commerce nous les transmet. Elles demandent à être purifiées, broyées, et mélangées avec les diverses liqueurs que l'art met en pratique pour faciliter leur extension sur les objets qu'on veut peindre; et ces liqueurs doivent varier, tant à cause de la nature de la partie colorante, qu'à cause des considérations tirées des usages auxquels on destine les objets qu'on veut vernir ou peindre; elles sont aussi déterminées par la consistance qu'on doit donner à la composition. Nous devons donner quelqu'extension aux observations qui sont dépendantes de cette exposition.

1°. On pulvérise les corps durs, et on les passe au tamis de crin ou de soie. Ce préliminaire s'applique aux différentes ochres, à la craie, aux argilles ou bols; aux corps solides, comme blanc de plomb, litharge, vert de gris, cinabre. Cette première opération prépare à une division plus parfaite qu'ils acquièrent sous la molette. Elle facilite la séparation des brins de paille, des fragmens de bois, ou autres corps étrangers, qui se rencontrent assez souvent dans quelques-unes des substances colorantes communes, et qu'on ne se procure que par la voie du commerce.

2°. Lorsqu'on veut appliquer les couleurs à la peinture en détrempe, on broye à l'eau, pour

que les particules les plus légères n'échappent
pas à la faveur du mouvement qu'on excite avec
la molette. On donne à la matière broyée la
consistance d'une bouillie assez épaisse ; et lorsque la molette glisse sur la pierre sans faire de
bruit, et que la trace qu'elle laisse sur la couleur est lisse et sans grains, on juge que la
porphyrisation l'a amenée à l'état de division
qu'on recherche d'autant plus qu'elle est vraiment économique.

3°. Certains genres, certaines espèces de vernis sont destinés à des meubles délicats et qui
sont néanmoins sujets à des transports fréquens,
comme les coffres ou toilettes, etc. ; et à certains bijoux, comme éventails, étuis, boîtes de
jeu, etc. Ces vernis, dis - je, n'admettent point
dans leurs compositions toute matière capable de
leur donner une odeur forte et désagréable, ainsi
que toutes celles qui en rendroient la dessication lente. Pour ces cas particuliers, on préfère les vernis du premier et du second genre.
On broye alors avec le vernis N°. 1, auquel on
ajoute une cuillerée ou deux d'huile d'œillet pour
le rendre souple, et on détrempe avec le même
vernis. Mais comme il s'évapore assez promptement, il demande à être mis en œuvre sur l'instant même.

4°. Quelques circonstances exigent l'emploi
d'un vernis plus solide que ceux des deux premiers genres, pour détremper certaines parties

colorantes ; celles sur-tout qui sont extraites du règne minéral , et qui portent avec elles un caractère de sécheresse qu'il faut combattre ou modifier. On broye alors avec de l'huile siccative mêlée d'un peu d'huile grasse. D'autres fois on étend l'huile siccative d'essence , et on détrempe avec un vernis du troisième genre , comme celui N°. 14 ; ou du quatrième genre , comme celui au copal N°. 18. Lorsque la sécheresse de la couleur ou sa qualité siccative ne sont pas extrêmes , on broye avec le vernis N°. 13 , et on détrempe avec celui N°. 14 , troisième genre.

5°. Enfin , il est d'autres circonstances qui exigent la plus grande solidité dans les vernis , et qui proscrivent toute espèce de liqueur ou d'excipient qui ne peuvent pas concourir à cette qualité essentielle. On broye donc à l'huile siccative mêlée d'un peu d'huile grasse , si dans la couleur il entre assez d'oxide métallique. Si cette huile rend la matière trop épaisse , on ajoute un peu d'essence , et on délaye ensuite avec l'huile siccative résineuse , page 120 , première partie : ou bien avec l'un des vernis gras du cinquième genre.

6°. Un des points les plus essentiels à observer dans la préparation de la couleur , c'est , comme on l'a déjà fait entendre , l'extrême division des parties. Le broyage à l'eau va assez vite. La nature de ce liquide détend facilement les molécules agrégatives des substances terreuses. Il n'en est pas de même lorsqu'on se sert de vernis, d'essence ou d'huile ; il faut un peu plus de temps. L'artiste expérimenté et qui compte sur le gain de son travail, n'a pas besoin d'aiguillon pour être ramené à l'utilité de ce précepte. L'habitude ne tarde pas à lui apprendre que la couleur ne devient vraiment profitable que lorsqu'elle a acquis le point d'une division extrême. Il ne regarde donc pas au temps qu'il emploie à cette opération. Mais l'amateur qui n'a pas comme lui l'avantage de l'expérience, s'ennuye souvent d'un travail qui lui paroît fatiguant, et qui le tient long-temps à la même place : il céde à l'impatience ou à l'extrême envie de réaliser l'effet de la décoration qu'il médite. Il est donc utile de balancer chez lui les désavantages qui résultent de sa précipitation, par la précaution de le rappeller souvent à des préceptes fondés sur l'expérience, et qui peuvent seuls préparer et assurer les succès.

L'extrême division des couleurs est une des causes principales de leur beau développement et du moëlleux de leurs tons. Le jeu de la lumière est plus libre ; elle est plus pure, plus détachée de ces refractions partielles qui, dans une couleur grainelée, composent le rayon coloré réfléchi dont la netteté et l'éclat sont alors fort altérés.

7°. Trois de nos sens concourent à déterminer le point essentiel de cette division, le tact, la vue et l'ouïe. Il est d'abord facile de s'appercevoir que la couleur se broye plus aisément au commencement de l'opération qu'à la fin. Les parties grainelées roulent avec plus de liberté sous la molette que lorsqu'elles sont plus atténuées ; cette même molette se soulève plus aisément dans le principe de l'opération que sur la fin. L'air disséminé entre les parties ou les interstices de la matière encore grossière, diminue, contrarie la force d'adhésion que le poids de l'atmosphère établit entre la molette et le porphyre , lorsque la division des parties a acquis son plus grand terme. Les mains, les bras qui entretiennent le mouvement circulaire, peuvent donc saisir ce premier apperçu de la division.

La finesse des parties se distingue bientôt à la vue. La traînée de la molette fait voir une matière plus lisse , plus unie : la couleur se développe de plus en plus ; mais si la vue suffit pour appercevoir ce changement physique, l'ouïe ne tarde pas à le pressentir.

Dans le principe d'une porphyrisation, le roulement , le frottement entre les parties de la matière et de l'instrument, excitent sous la molette un bruissement, une espèce de cris qui diminue insensiblement , et qui n'est presque plus apperçu sur la fin. L'absorption du fluide huileux, qui devient plus grande à mesure que la division des parties s'achève, sollicite de nouvelles mises , pour rappeller le mélange à la consistance d'une bouillie épaisse. Il faut cependant se garder de le rendre trop liquide, parce qu'il couleroit sur le porphyre et retarderoit le terme de la division, par l'addition qu'on seroit forcé de faire d'un peu de matière solide. Une bouillie liquide fatigue moins, mais l'acte de la division se trouve rallenti. Il est au contraire d'autant plus rapide, que la consistance de la matière est plus épaisse : ainsi on gagne du temps avec un peu plus de fatigue. Deux ou trois essais ont bientôt indiqué la véritable consistance qu'il convient de donner à la matière, pour rendre le travail prompt et facile.

8°. La perfection de cette opération, et la promptitude de son exécution tiennent à la quantité de la substance qu'on soumet chaque fois à la porphyrisation. On se tromperoit bien, si on croyoit hâter l'ouvrage en en mettant beaucoup : il n'est aucune règle fixe sur cet objet. Cela dépend de l'étendue de la pierre, de la longueur et de la force des bras de l'artiste, et par conséquent de la gêne plus ou moins grande qu'il éprouveroit dans le mouvement continuel de la molette. Quand on broye des matières pesantes, comme celles qui sont extraites du genre métallique, 8 onces (244,57 grammes) constituent une bonne dose.

9°. La porphyrisation achevée, on enlève avec la spatule flexible la matière qu'on dépose dans le vase à couleur. On continue le même travail sur de nouvelles mises de matière, jusqu'à - ce que toute la quantité qu'on juge nécessaire pour tout l'ouvrage soit broyée avec la même exactitude. On étend ensuite cette couleur avec le vernis ou l'huile préparée qu'on veut employer, et on donne au tout une consistance moyenne de bouillie. C'est ce qu'en terme de l'art, on appelle *détremper la couleur.* Il faut, à cet égard, éviter les extrêmes : une couleur trop liquide coule, et ne couvre pas assez exactement l'objet qu'on veut peindre : trop épaisse, elle empâte, ne s'étend pas aisément, occasionne plus de dépense, ôte de la grace à l'ouvrage et fatigue la main qui l'étend. La couleur ne doit guères quitter le pinceau lorsqu'on le retire du vase et qu'on lui a fait faire deux tours dans la main, en le relevant obliquement, pour arrêter le fil qui s'établit.

Si pendant le travail de l'extension du vernis le mélange prend trop de consistance, on ajoute un peu de vernis, si la détrempe a été faite au vernis, et de l'essence de térébenthine, si elle a été faite à l'essence ou à l'huile. Mais si cette consistance de la couleur détrempée tient à celle du vernis même, il convient de faire chauffer l'alcohol ou l'essence, avant d'en faire le mélange avec la matière détrempée, pour obvier à la précipitation d'une partie de la résine qui compose le vernis.

10°. On broye toutes les matières qui doivent servir de fonds, ou avec de l'eau, cet usage est consacré à la détrempe ; ou avec de l'alcohol (esprit-de-vin) ; ou avec des huiles essentielles, comme celle de térébenthine ; ou enfin, avec les huiles grasses siccatives.

Les couleurs qu'on broye à l'alcohol et qu'on mélange avec les vernis, doivent être employées sur le moment. Mais l'extrême volatilité de l'alcohol, la promptitude de son évaporation doivent mettre de l'opposition à la pratique de ce genre de procédé. On lui substitue avec avantage le vernis qui doit servir à détremper la couleur, auquel on ajoute, à chaque mise de matière sur le porphyre, une cuillerée d'huile de noix siccative, si la couleur peut supporter la teinte légère qui peut en résulter : ou enfin, autant d'huile d'œillet, si la nature du fond proscrit l'usage de tout ce qui peut donner une teinte étrangère.

11°. Lorsqu'on broye à l'essence, il convient de se placer dans un courant d'air ou au grand air, pour éviter les effets de l'émanation de l'essence, qui agit quelquefois sur le genre nerveux, lorsqu'on y est exposé long-temps.

D'autres cas veulent qu'on broye les couleurs avec des huiles siccatives ou avec des vernis du cinquième genre. Leur consistance demande qu'on les coupe de moitié ou d'un tiers d'essence de térébenthine. C'est ainsi qu'on le pratique pour les vernis au copal, au succin, et pour toutes les couleurs destinées à la peinture à l'huile.

12°. Chaque genre de vernis est réservé à des usages qui limitent en quelque sorte, ou qui distinguent les cas de leur application. Les vernis clairs, brillants, délicats qui constituent le premier genre, ne conviennent pas aux fonds colorés : ils sont trop tendres. Les chocs, les frottemens les rendent farineux. On les applique plus heureusement sur les objets ornés de découpures et aux meubles qui garnissent les toilettes. Les vernis qui ont un peu plus de corps, comme ceux du second, du troisième, et même du quatrième genre, conviennent mieux aux fonds colorés dont on recouvre les boiseries, lambris, plafonds, frises, et à toutes espèces d'ouvrages qui sont à l'abri de l'influence de l'humidité ou de la pluie. Enfin, les objets exposés au grand air, à l'inclémence des saisons, ou qui sont sujets à des chocs ou à des frottemens, rejettent tout vernis secondaire. Ils demandent une solidité et une consistance qu'on ne trouve que dans les vernis gras et dans les couleurs à l'huile.

13°. Dans tous les cas qui demandent l'emploi des couleurs composées, il convient de traiter séparément chacune de celles qui doivent faire partie de la composition. Ce travail achevé, on fait le mélange avec plus de précision que si on achevoit la teinte à chaque mise et sur le porphyre.

14°. Les peintres suivent deux méthodes pour vernir un appartement. Les uns appliquent la substance colorante en détrempe, méthode qui devient le sujet du chapitre suivant ; ils la recouvrent ensuite d'autant de couches de vernis que l'objet paroît l'exiger, avec ou sans couleur. D'autres broyent et détrempent la couleur avec le vernis même qui, dans ce cas, sert de véhicule.

Chacune des deux méthodes a ses critiques. J'avoue que la seconde me paroît accompagnée de quelques avantages que je ne sais pas trouver dans la première.

La détrempe fait renfler le bois : elle y dépose une espèce de plâtre que la moindre percussion détache souvent en grandes écailles. Lorsqu'on suit cette méthode, il conviendroit de laisser assez d'intervalle entre l'application de la détrempe et celle du vernis, pour donner au bois le temps de se sécher. En négligeant cette précaution, (et c'est toujours ce qui a lieu), le vernis qu'on applique sur cet encollage le pénètre, si la colle qu'on a employée n'a pas été trop forte ; mais il est repoussé du bois par l'effet de l'humidité qui s'y concentre et qui refuse toute espèce d'union avec les résines qui font la base des vernis. Dans ce cas, le vernis donne à l'enduit coloré la dureté d'un mastic, qui ne céde point au travail de retraite que le bois éprouve en se séchant, et qui tombe par plaques par le seul effet de la dessication. Ces résultats qu'on attribue souvent à la fraude, attestent seulement l'impéritie de l'artiste ou l'impatience de l'amateur qui presse trop les temps pour l'extension de ses couleurs.

Il n'en est pas ainsi de la seconde méthode, sur-tout si, pour vernir, on saisit le moment où la boiserie est séche; et si on employe la première couche assez claire pour disposer le bois à se pénétrer de vernis et à faire le pied. Les couches successives de couleur font alors corps avec cette première, qui a son attache dans le bois et qui le garantit, par cela même, des impressions de l'humidité de l'air. Cette dernière considération ne doit pas être négligée dans une contrée comme la nôtre, coupée par un grand lac et par des rivières; exposée, pendant quatre à cinq mois de l'année, à l'influence des brouillards, et où l'on n'emploie que le bois de sapin pour tous les ouvrages de boiserie. On porte même la précaution plus loin pour les boiseries destinées aux salles basses et exposées à l'humidité, en en garnissant le revers d'une peinture à l'huile et au bol. C'est aussi ce qu'on pratique avec avantage pour l'intérieur des caisses d'orangerie.

Le mélange des couleurs avec le vernis exige, pour précaution de manipulation, de mettre peu de couleur au vernis qu'on applique en dernière couche. Il est même des cas qui le veulent absolument

lument sans couleur. Alors il fait glace et le brillant en est plus vif ; la couleur même en est plus nerveuse.

Toutes les raisons de préférence alléguées ici en faveur de la seconde méthode, peuvent être senties et appréciées par l'amateur jaloux de donner à ses compositions la solidité dont elles sont susceptibles ; mais elles n'ont pas la même valeur pour l'artiste qui ne calcule que sur le bénéfice de ses ouvrages. L'emploi de l'encollage ménage considérablement celui du vernis qui est infiniment plus coûteux. D'ailleurs, l'éclat qu'il sait donner à la dernière couche de vernis masque l'imperfection d'une impression pâteuse et *ondulente*, qui pourroit cependant avoir quelque solidité si, au choix de la belle saison, il joignoit encore la précaution de donner aux premières couches d'encollage et au bois, tout le temps que demandent la dessication et le travail de la retraite du bois. Mais cette dernière condition ne s'accorde guères avec l'empressement, avec la célérité que le peintre déploie dans l'exécution de ces sortes d'ouvrages.

Il y a néanmoins une circonstance particulière qui semble prescrire l'emploi de l'encollage ; c'est lorsqu'on veut vernir un plâtre nouvellement travaillé : on se sert alors d'une eau de colle de Flandre, qui ne doit pas être trop forte, et qu'on applique chaude, pour qu'elle pénètre dans le plâtre. Mais il convient de laisser au plâtre le temps de bien ressuer, avant de le passer en colle.

On connoît une autre méthode bien propice à la conservation des bois, et d'une utilité reconnue pour arrêter les effets de l'humidité ; c'est de donner à la boiserie une première impression avec l'oxide céruse, auquel on joint un seizième d'oxide vitreux de plomb (litharge) ; on broye ces oxides avec de l'huile , et on détrempe à l'huile coupée d'un tiers d'essence. Les couleurs en vernis appliquées sur cette première couche qui pénètre dans le bois, y prennent de l'éclat et un ton très-moëlleux auxquels se joint la consistance, lorsque le vernis est d'un bon choix. Je me suis bien trouvé de cette méthode.

15°. Un artiste soigneux et jaloux de donner à son ouvrage sur boiserie tout l'éclat qu'il peut prendre par un libre reflet de lumière, ne néglige pas de faire disparoître , après l'application de la première couche , toutes les petites inégalités qui peuvent se rencontrer sur la surface, et surtout celles qui sont prononcées par les nœuds et par les fibres qui s'élèvent du bois. Il passe légèrement la ponce sur ces inégalités. Le ponçage s'exécute parfaitement sur toute détrempe, mais particulièrement sur celle à l'essence. Cette précaution ajoute singulièrement à l'uniformité de ton et à l'éclat du vernis. Il est toujours sous-entendu que les lambris , s'ils sont vieux , auront été nettoyés et époussetés avec soin, pour emporter la poussière qui s'encroûte dans les moulures.

16°. En s'arrêtant aux observations détachées qui accompagnent la préparation des vernis, on a pu être frappé de la préférence que j'établis en faveur des compositions du troisième et même du quatrième genre, au détriment de celles qui constituent les deux premiers genres, pour tous les cas de peinture sur la boiserie et dépendances. Il est cependant telle espèce de vernis du premier et du second genre qui pourroit remplir les vues qu'on se propose : mais en général, il ne faut pas attendre d'une composition à l'alcohol le degré de consistance et de ténacité qu'on obtient d'un vernis à l'essence. Les personnes délicates pourroient être rebutées par son odeur forte ; elles peuvent même la regarder comme un motif d'exclusion. Mais ce motif s'évanouit lorsqu'on travaille en été et qu'on n'est pas trop pressé de jouir. On peut d'ailleurs modifier, dissiper même entièrement cette forte odeur, lorsqu'on veut hâter le moment de la jouissance. Il s'agit de glacer les couches de vernis à l'essence par une dernière couche de vernis à l'alcohol, lorsque la première est séche.

17°. L'art ne prescrit pas seulement le bon choix dans le genre des couleurs et dans la nature des vernis; il autorise, il demande même, dans quelques circonstances particulières, une

certaine économie dans l'emploi des couleurs. Il
est certains genres de corps colorans très-chers,
comme l'oxide vermillon, les oxides de cuivre
qui ne perdent rien de leur éclat, qui éprouvent même des modifications avantageuses, lorsqu'on leur donne le pied avec une substance qui
leur est inférieure par le prix. C'est ainsi qu'on
marie l'oxide rouge de plomb (*minium*) et le
rouge d'Angleterre avec l'oxide mercure sulfuré
rouge (vermillon) qu'on réserve pour la dernière
couche. C'est encore la même raison d'économie
qui détermine le peintre à mettre sous la couleur
verte composée avec des oxides cuivreux mêlés
de blanc, une première couche d'une autre substance destinée à recouvrir le bois ou le corps
qu'il veut peindre. Pour l'ordinaire, c'est l'ochre
jaune broyée à l'huile cuite coupée d'essence
et détrempée avec le vernis ou avec l'huile, qui
sert à donner le pied à la couleur verte qu'on
applique en dernières couches. Mais cette base,
qui est d'ailleurs en harmonie avec la couleur
dont on la recouvre, trouve dans sa nature argilleuse un peu de résistance pour la prompte dessication. Elle ne peut donc pas servir à tous les
cas qui exigent l'emploi de la couleur verte.
Le vert à l'huile va très-bien sur le jaune d'ochre,
lorsqu'on le destine à des objets extérieurs,
comme portes, contrevents, palissades, espa-
liers, etc. ; mais pour l'intérieur des appartemens, on doit remplacer l'ochre par un oxide

de plomb, comme l'oxide céruse qui est bien plus siccatif, et qui donne plus de corps à la couleur verte que les matières argilleuses. D'ailleurs, elle est moins sujette à passer à la teinte de vert foncé, lorsqu'elle est exposée à la lumière.

18°. Lorsque les vernis sont peu chargés de couleur, comme il arrive quand on veut qu'ils fassent glace, il est plus difficile d'en faire une application régulière que lorsqu'on les mélange avec le fond. Le point essentiel de cette application, celui qui décèle le véritable artiste, est de ne laisser aucune impression du pinceau. Il faut le passer à grands traits et avec promptitude, l'aller et le retour suffisent : si on repasse plusieurs fois sur le même endroit, le vernis roule sous le pinceau. Pour produire l'uniformité de la glace, il ne faut pas employer trop de vernis à la fois, parce qu'il forme des ondes, des côtes qui brisent le reflet de la lumière et qui deviennent très - désagréables à la vue des connoisseurs. On ne doit pas non plus croiser les coups de pinceau, parce qu'ils croisent aussi la couche, et que l'effet en devient tout aussi désagréable que dans le cas précédent. Pour l'application des vernis à glacer, on se sert de pinceaux larges étendus en palme; ils expédient l'ouvrage assez vîte : ces pinceaux sont connus sous le nom de pinceaux à patte d'oie.

19°. Le mélange de l'essence de térébenthine

à tous les vernis en usage pour la décoration des appartemens, entretient une odeur forte qui se conserve plusieurs mois. Incommode à tout le monde, cette odeur devient nuisible aux personnes délicates et sujettes aux affections nerveuses : on peut arrêter ou modifier ces effets jusqu'à un certain point. Des peintres sont dans l'habitude de conseiller divers moyens auxquels ils mettent d'ailleurs peu d'importance, parce qu'ils sont habitués à la nature de ces émanations. Chaque artiste a son procédé de prédilection.

20°. Les détails dans lesquels nous sommes entrés dans les chapitres second et troisième, sur la composition des couleurs et dans celui-ci, pourroient être encore plus étendus. Ils paroîtront cependant suffisans pour prouver que l'art des vernis est poussé plus loin en Europe qu'il ne l'est en Chine et au Japon, d'où il tire son origine ; puisque ses moyens, ses procédés exigent chez nous une plus grande somme d'intelligence et de vrai savoir.

Ces peuples doivent à la nature seule, et non à d'industrieuses combinaisons, la solidité de leurs compositions qui se réduisent à quelques procédés dont ils ne s'écartent pas. Deux substances composent les laques solides rouges, noirs, jaunes, etc. qui sortent de leurs ateliers. La nature, ainsi que le nombre borné des parties colorantes dont ils font usage, prouvent aussi le peu d'étendue que l'industrie nationale donne leurs ressources en ce genre. Le vermillon et le bol rouge pour la couleur rouge ; l'orpiment pour le jaune; les os ou l'yvoire brûlé pour le noir : c'est à quoi se réduit toute la magie de la palette du peintre vernisseur Chinois, en y ajoutant l'emploi de l'or et de l'argent, qu'il distribue avec autant de profusion que peu de goût, quoique leur manière de réhausser d'or annonce beaucoup d'adresse et une longue pratique.

En considérant la nature des deux substances qui servent de base à leur vernis et qui le constituent, on peut comparer sa composition à notre vernis de copal du cinquième genre. L'une de ces deux substances est une matière résineuse fluide, qui s'épaissit à l'air, et à laquelle on donne plus de corps avec une espèce d'huile, qui remplit, dans le vernis Chinois, l'office de l'huile de lin dans les nôtres.

Cette première substance, celle qui fait le vernis, est tirée de l'arbre que les Chinois nomment *tsi-chou*. C'est une résine liquide, de couleur rousse, qu'on retire par incisions de ces arbres, dont on étend la culture dans quelques provinces de l'Empire, et sur-tout dans celles de Kiang-si et de Setchuen. On en compte trois espèces, dont le suc résineux a des qualités qui le distinguent, et que les Chinois appliquent à des compositions particulières.

Le vernis employé comme vernis, porte en

Chine le nom de *koa-kin-tsi*. On y employe deux mordans faits avec le même vernis ; l'un admet le mélange de l'orpiment pour certains ors de couleur ; et le second celui du cinabre. Ce dernier favorise l'application de l'or sous sa couleur naturelle.

L'extraction de ce vernis demande des précautions de la part de ceux qui en suivent le travail. Ils sont exposés à des exhalaisons funestes , dont le moindre effet est de provoquer des érysipèles dangereux. Pour s'en garantir , ils recouvrent les parties découvertes du corps d'une espèce de colle qui intercepte le contact de cette vapeur.

La seconde substance , qu'on peut comparer à notre huile de lin , se nomme *girgili* : on la connoît encore sous la dénomination de *rong-yeon*. C'est dans cette matière huileuse mêlée au vernis , qu'ils détrempent les couleurs qu'ils étendent sur le bois poli. Lorsque les premières couches sont séches , on les décore de divers dessins ou ornemens , de couleurs variées , qu'on relève d'or ou d'argent. On achève enfin de donner le dernier relief à des ouvrages qui ont plus d'éclat et de solidité que de goût , et qu'à cet égard nos artistes décorateurs rougiroient d'imiter quant à la partie du dessin.

Cependant ils emploient deux méthodes dans l'application de leur vernis. La première que nous venons de décrire , consiste à étendre la couleur détrempée dans le vernis sur le bois poli, mais parfaitement sec. La seconde demande plus de soins. Ils recouvrent les meubles ou les objets à vernir, d'un enduit très - dur ; espèce de mastic qu'ils composent de filasse , de papier , de chaux , de sable fin et de quelqu'autre matière, qu'ils réduisent en pàte et qu'ils appliquent sur le bois. C'est sur cette pâte bien séchée, dont ils composent aussi leurs reliefs, qu'ils étendent l'espèce d'huile destinée à recevoir les couleurs. Cette huile donne un fond très-solide , sur lequel ils tracent leurs divers dessins. Ils passent ensuite deux couches de vernis : sur ce vernis ils appliquent l'or qui fait le fond principal de leurs décorations : ils finissent leurs sujets, qu'ils glacent enfin avec une troisième couche de vernis, qu'ils polissent avec des corps doux.

Nos vernis perdent un peu de leur éclat, lorsqu'ils sont exposés à l'influence de l'humidité ; l'altération en seroit encore portée bien plus loin, si l'humidité les frappoit lorsqu'il sorte des mains du vernisseur. Ceux des Chinois ne la craignent pas : il paroît même qu'une atmosphère humide leur convient beaucoup , lorsqu'ils sont en œuvre ou récemment achevés. Cet effet tient uniquement à la nature des matières employées à ces différens genres de composition.

La viscocité du *koa-kin-tsi* exige une méthode d'application qui doit être différente de la nôtre. En Chine, la fabrication est lente ; chez nous elle est rapide ; il faut croire que les choses doivent être ainsi. Dans certaines provinces où l'air est très - sec, comme à Pekin, les artistes vernisseurs ont coutume d'exposer leurs ouvrages dans des atteliers plutôt disposés à l'humidité qu'à la sécheresse ; souvent même cette condition ne suffit pas, puisque, suivant le rapport du père d'Incarville qui nous a donné d'excellens détails sur cet objet, ils étendent sur certaines compositions des linges mouillés ou très-humides.

Nos vernis européens ne s'accommoderoient certainement pas de cette méthode. Cependant, l'expérience seule a pu la faire prévaloir en Chine ; et nous ne la trouverons plus extraordinaire, si nous voulons faire attention un moment à l'effet naturel de l'air sec sur certains mélanges gommeux ou visqueux.

La surface d'un liquide très-visqueux, saisie par l'adhérence d'un air sec, commence par se durcir ; et le premier effet de cette nouvelle consistance est d'arrêter la dessication de la partie de la même substance qui ne jouit pas du même contact : alors l'uniformité de la contexture est interrompue. La viscosité permanente de la partie intérieure du vernis, et la sécheresse de sa surface opèrent bientôt une retraite dans cette dernière qui se fendille ou se gerce : c'est toujours l'effet qu'on observe à la suite d'une pareille disposition. Les Chinois sont donc forcés d'entretenir cette surface dans un état de souplesse qui puisse maintenir l'harmonie de consistance dans toute la couche , pour laisser à l'humidité intérieure le temps de s'échapper. L'application des linges humides , ou le choix qu'ils font d'atteliers où l'état de l'air puisse remplir le même office , me paroissent parfaitement d'accord avec l'opinion qu'on doit avoir sur la nature particulière de leur vernis.

Mais lorsqu'on compare la simplicité des moyens mécaniques des Chinois avec tous les procédés dont la réunion constitue ce que nous appellons ici l'art du vernisseur , considéré dans toutes les parties qui le lie avec les arts du cartonnier , du carossier , du peintre doreur , on se convaincra que les imitateurs ont surpassé de beaucoup , en très-peu d'années , des inventeurs qu'une suite de siècles n'a pu détourner de la routine servile qui fixe , chez eux , à des procédés uniformes et invariables , la partie mécanique des arts.

21°. L'odeur la plus forte , c'est-à-dire , celle qui suit immédiatement l'application du vernis , tient à l'évaporation de l'essence. Cette émanation est chargée d'autres principes vaporeux fournis par les diverses résines qui entrent dans la composition des vernis , ou qui appartiennent aux parties colorantes qu'on y mélange : telle est sur-tout l'odeur nauséeuse de l'acétite de cuivre (le verdet). Il n'y a qu'une évaporation prompte , favorisée par un courant d'air , ou bien une condensation de ces vapeurs qui puissent remplir le but des personnes qui désirent de s'en débarrasser.

L'évaporation est plus prompte en été qu'en automne, saisons pendant lesquelles on travaille le plus en ce genre. En été, l'ouverture des fenêtres et des portes facilite les courans et débarrasse assez promptemeut des émanations nuisibles. En automne, un bon feu de cheminée répond aux mêmes vues, quoiqu'avec plus de lenteur.

On peut modifier l'odeur désagréable et même délétère, par le mélange d'une odeur balsamique plus amie de l'odorat, plus suave, moins forte enfin. On sent bien que ce mélange n'est qu'une modification qui ne permet pas qu'on puisse habiter plutôt les appartemens vernis ; mais il agit différemment sur nos organes et on s'en trouve moins incommodé. Le musc, pour les personnes qui s'habituent à son odeur; les essences de canelle, de citron, de thim, de lavande, etc., deviennent les mobiles de cette modification. Le foin nouveau remplit mieux cette vue, s'il est bien sec; dans cet état, il change l'odeur et il absorbe en même temps, comme moyen mécanique, l'émanation vaporeuse.

J'ai employé avec succès une espèce de condensateur qui se trouve sous la main de tout le monde, l'eau : on place dans la pièce vernie plusieurs baquets remplis d'eau. Plus ces baquets présentent de surfaces, plus aussi l'effet en est prompt; par sa fraîcheur, elle condense la vapeur odorante qui est de nature huileuse : il n'est pas rare de remarquer sur la surface de l'eau une pellicule irisée, qui appartient à la vapeur condensée de l'essence. Cette eau remplit, dans ce cas-ci, l'office du réfrigérant dans les distillations ordinaires : j'ai employé ce moyen avec un entier succès, pour des appartemens vernis avec l'oxide vert-de-gris et le vernis à l'essence. On trouve quelquefois des ouvriers qui se disent peintres, et même décorateurs, qui s'élèvent contre l'emploi de ce moyen condensateur, sous le spécieux prétexte qu'il ôte de l'éclat au vernis : aucune raison de fait ni de théorie ne justifie ces craintes.

Enfin, lorsque le vernis est sec, ce qu'on reconnoît quand la main qu'on y applique pendant une minute ne manifeste aucune adhérence, et qu'il ne reste plus que les dernières vapeurs toujours difficiles à s'échapper, on peut employer une fumigation nitreuse, connue si avantageusement pour purifier l'air vicié d'un local. Il suffiroit de verser dans une tasse de porcelaine une demie-once d'acide sulfurique concentré (huile de vitriol), sur lequel on jette demie-once de sel de nitre en poudre et qu'on mélange avec un tuyau de pipe, ou avec une branche de verre : on facilite l'extension de la vapeur, en parcourant l'appartement verni. Cependant ce préservatif pourroit altérer le beau reflet du vernis, s'il étoit délicat et s'il n'étoit pas bien sec.

22°. Les couleurs appliquées sous le vernis, ainsi que celles qu'on consacre à la peinture à l'huile, demandent beaucoup de propreté de la part de ceux qui les emploient. Il convient que les surfaces sur lesquelles on les étend soient frottées ou balayées, lavées même, s'il le faut; mais bien séchées ensuite.

Cette propreté doit s'étendre à tous les appartemens peints ou vernis. Ceux-ci sont plus disposés à se ternir que la peinture à l'huile; et les moyens mis en usage pour les ramener à leur premier état ne peuvent pas toujours être les mêmes, parce que la poussière prend un pied plus solide sur les parties résineuses qui constituent les vernis, que sur une surface préparée à l'huile.

Quelques coups d'une brosse douce et le simple lavage à l'eau, suffisent pour les vernis qu'on a coutume d'entretenir propres. L'eau de savon supplée à l'insuffisance de ces premiers moyens, si la poussière s'y trouve incrustée. Ces lavages se font à l'éponge, en ayant soin de la passer chaque fois dans de l'eau propre, et de la presser avant de la retremper dans l'eau de savon.

Quelques personnes se servent d'eau alkaline, qu'elles appellent *eau seconde*. Elle porte le nom d'*eau seconde faible* lorsqu'elle ne contient qu'un seizième ou un vingtième de carbonate de potasse

(alcali de potasse) ; c'est *une eau seconde forte*, lorsqu'elle en contient un dixième. Elles portent même l'attention jusqu'à la laisser séjourner une heure ou deux sur les vernis, avant d'y repasser l'éponge à l'eau propre. Cette méthode n'est pas sans inconvénient. L'alcali agit fortement sur les vernis délicats et leur ôte le brillant : et s'il s'y trouve des rouges au vermillon, des bleus au prussiate, il les altère ou les détache. Mais si ce procédé paroît ne pas convenir au nettoyage des vernis, il n'en est pas de même pour la peinture à l'huile, et sur-tout pour les fonds gris auxquels il semble spécialement réscrvé. On peut même porter la quantité de l'alcali à un huitième de l'eau employée, si l'humidité a incrusté la poussière sur la peinture.

Quelques nettoyeurs se servent, pour le lavage, d'une eau imprégnée d'acide sulfurique, (huile de vitriol), de manière que l'acidité puisse répondre à celle d'un fort vinaigre. Cette eau décrasse très-bien ; mais elle ternit les vernis, et son application doit être suivie d'un grand lavage à l'eau propre. L'acide a le défaut de former un sulfate de craie (matière saline terreuse qui porte le nom de sélénite) qui s'incruste sur la surface du vernis et que le lavage ne peut pas enlever. Le frottement que ce procédé exige altère nécessairement le vernis. Elle convient mieux à la peinture à l'huile, qui est plus solide, et qui craint moins l'effet des lavages que les peintures résineuses délicates. Mais il convient de bien sécher avec des linges souples et bien chauds. Si l'acide muriatique (l'acide marin) n'étoit pas d'un prix plus élevé que l'acide sulfurique , il conviendroit beaucoup mieux pour cette réparation , parce qu'il forme avec la poussière un sel déliquescent que le lavage emporte avec la plus grande facilité , et qu'ainsi étendu d'eau , il n'a aucune action sur les résines ni sur les couleurs les plus délicates.

Mais, quels que soient les moyens dont on se serve pour nettoyer les vernis ou les peintures par des lavages, il ne faut pas les abandonner qu'elles ne soient parfaitement séchées avec des linges propres et bien chauffés. L'humidité leur est très-nuisible : c'est pour cette raison qu'on recommande de les préserver de l'impression des brouillards. Ce n'est pas que cette vapeur porte en elle-même une qualité différente de celle de toute humidité aqueuse : mais comme le brouillard trouve dans sa permanence le moyen de s'insinuer dans toutes les moulures des boiseries, il parvient à y fixer, sous la forme d'incrustation, toute la fine poussière que l'air charie dans les appartemens les mieux fermés, et même dans ceux qui sont inhabités ; et cette incrustation fait tellement corps avec le vernis, que le mouvement des brosses ne peut plus l'enlever. Cependant un simple lavage à l'eau suffit, si l'incrustation n'est pas trop ancienne.

23°.

23°. Si pendant le travail de l'application d'une couleur à l'huile il en tombe un peu sur les habits, un morceau de pain frotté fortement du côté de la mie sur l'étoffe la fait disparoître incontinent; on y parvient également par l'intermède de l'essence qu'on enlève à son tour avec de l'alcohol pur, en tenant la partie tachée devant du feu.

24°. Enfin, s'il reste de la couleur qu'on ait intention de conserver, il suffit de la couvrir d'eau et de tenir le vase dans un lieu frais. Les pinceaux se conservent de même, après avoir eu la précaution d'enlever avec de l'essence la couleur qui y adhère, et de les essuyer.

Le desir de la jouissance doit être compté pour beaucoup dans l'empressement qu'on témoigne à l'artiste pour la prompte exécution de ses entreprises. Les vernis à l'alcohol sont très-siccatifs; ils ont d'ailleurs de l'éclat : ce sont sans doute deux motifs de préférence. Les vernis à l'essence sont aussi brillans, mais ils sont moins siccatifs; et ils répandent une odeur forte, qu'ils conservent assez long-temps, lorsqu'on ne les recouvre pas d'une dernière couche de vernis à l'alcohol. Les couleurs ou peintures à l'huile ont beaucoup de solidité. Elles peuvent même acquérir le brillant du vernis, en se servant pour les détremper, de l'huile siccative résineuse, *(page 120, 1ᵉ. partie)*, ou bien en les recouvrant d'un vernis à l'essence ou à l'alcohol ; mais elles sont plus lentes à sécher. Ce caractère, qui est un des signes de la solidité, en devient un de réprobation auprès des personnes qui sacrifient tout à l'envie de jouir promptement. On parvient cependant, par l'addition d'une matière très-siccative, à abréger le temps de cette dessication. Quoiqu'il en soit, le travail est plus long, et ces peintures n'ont jamais ce vif, cet éclat des vernis. Cela peut suffire sans doute, pour encenser la mode en préférant les vernis : cependant, comme bien des personnes conservent encore une opinion favorable pour l'ancienne peinture à l'huile, et qu'elle a ses règles, nous devons en parler.

De la Peinture à l'huile.

La peinture à l'huile porte avec elle un caractère de solidité qui la fait souvent préférer à celle qu'on exécute en vernis et en détrempe. Certaines circonstances d'ailleurs déterminent son usage d'une manière impérative et indépendante du goût ; c'est lorsqu'il est question de porter une couleur sur des objets extérieurs et exposés à l'influence des saisons. Cette peinture trouve également son emploi pour bien des objets intérieurs.

Toute huile ne peut pas servir indistinctement à ce genre de peinture, lors même qu'elle
fait partie de celles que des raisons fondées sur
l'expérience ont exclusivement désignées, comme
étant les seules propres à ce travail, comme celles d'œillet, de noix et de lin, rendues siccatives par des procédés particuliers.

La peinture qu'on destine à des ouvrages extérieurs, exposés par conséquent aux influences
de la pluie, de la lumière solaire, etc. demande
l'huile de noix, à l'exclusion de toute autre, parce
qu'elle nourrit la couleur et qu'elle la développe.
L'huile de lin, dans cette circonstance, se dissipe et détruit la couleur, de sorte qu'au bout
de très-peu de temps l'ouvrage est à recommencer.

Dans le cas d'une peinture extérieure, il ne
faut ni broyer, ni détremper avec une huile de
noix coupée d'essence de térébenthine, parce que
celle-ci blanchit la couleur, sous l'impression du
soleil, comme le feroit l'huile de lin pure.

L'huile de lin est recommandable pour les peintures qu'on destine à des objets intérieurs et qui
sont à l'abri de l'inclémence des saisons.

Ce genre de peinture a ses préceptes particuliers dont il est profitable de ne pas s'écarter.

1°. Quand il est question de broyer et de
détremper des couleurs claires, telles que les
blancs, les gris, on se sert d'huile de noix ou
d'œillet. Pour les couleurs plus sombres, telles

que le maron , le brun , l'olive , l'huile de lin
pure est préférable, si la peinture est destinée
à l'intérieur.

2°. On applique toute couche à froid. On ne
l'emploie bouillante que quand on veut apprê-
ter une muraille nouvelle , un plâtre neuf et
humide, afin de lui faire prendre le pied. Sans
cette précaution, la peinture se lève et tombe
par écailles. La première couche sur bois tendre demande aussi un peu de chaleur pour qu'elle
y pénétre mieux.

3°. Toute couleur détrempée à l'huile pure ou
coupée d'essence , ne doit jamais filer au bout
de la brosse.

4°. On doit remuer de temps en temps la couleur dans le pot , avant d'en prendre avec la
brosse, pour qu'elle conserve la même consistance et le même ton. Si , à raison de la pesanteur des couleurs métalliques , le fond ne con-
servoit pas la même teinte, on l'éclaircit en y
versant de la même huile que celle qui a servi
à détremper.

Quelques peintres qui se relâchent sur la vraie
consistance qu'il convient de donner à toute la
masse de la couleur avant de l'employer, croient
atteindre à ce but en ajoutant de temps en
temps, de l'essence à la couleur, lorsqu'elle se
trouve trop épaisse. Cette méthode n'a pas beaucoup d'inconvénient pour une peinture ordinaire;
mais elle est défectueuse pour les cas d'une

peinture délicate. L'addition de l'essence froide diminue l'éclat de la couleur, et cet effet est dû à un commencement de précipitation de la résine du vernis, si c'est un vernis qui fait la base de la peinture; et à un principe de séparation de la partie colorante unie à l'huile, si c'est une peinture à l'huile. On gagne beaucoup, dans ce dernier cas, en donnant la vraie consistance avant de commencer l'ouvrage; et si on est contraint d'ajouter un peu d'excipient, ce dernier liquide doit être chaud : il demande même une mixtion exacte, avant qu'on en fasse usage.

5°. Lorsque la peinture est destinée à l'intérieur des appartemens, la première couche doit être broyée à l'huile et détrempée à l'essence, 1°. parce qu'elle emporte l'odeur de l'huile, 2°. parce que la couleur qu'on applique par dessus une couche détrempée à l'huile coupée d'essence ou à l'essence pure, en devient plus brillante; au lieu qu'elle s'emboiroit dans la couche à l'huile pure. 3°. Parce que l'essence durcit à fond les couleurs qu'on détrempe avec elle, au lieu que, mêlée avec l'huile, elle la fait pénétrer dans la couleur. Ainsi, lorsqu'on veut vernir sur une couleur à l'huile, la première couche de la couleur doit être détrempée à l'huile et les deux dernières à l'essence pure. Quand on ne veut pas vernir, la première couche doit être à l'huile pure et les deux dernières à l'huile coupée d'essence. L'essence réunit à ces deux premiers avantages que nous venons d'exposer, une utilité pratique ; elle facilite l'extension de la couleur.

6°. Si on peint sur du cuivre, sur du fer ou sur toute autre matière dure, dont le poli contrarie l'application de l'impression en faisant glisser les couleurs, il faut mettre un peu d'essence dans les premières couches ; elle donne du pied à l'huile. D'ailleurs, les métaux qui doivent recevoir le vernis ou la couleur doivent être polis ou décapés, c'est-à-dire, mis à neuf ; afin que la couleur prenne pied : ce polissage est brut, il se donne avec la pierre ponce en poudre, ou le tripoli, dont on frotte la pièce avec un tampon d'étoffe. A chaque couche, on expose la pièce au soleil pour faciliter l'extension, si le vernis a beaucoup de consistance : on la porte ensuite à l'étuve pour hâter la dessication : notre vernis térébenthiné de copal, et même celui qui porte le nom de vernis gras, sèchent assez vîte. Le poli ne se donne que lorsqu'il y en a quelques couches et qu'elles sont très-sèches : avec ces sortes de vernis on peut dégrossir le polissage avec de la pierre ponce, et passer ensuite le tripoli.

7°. Si le bois est coupé de nœuds résineux, ce qui arrive sur-tout au sapin, l'impression coule sur ces nœuds et ne prend pas. Si l'on peint à l'huile simple, on prépare séparément de l'huile qu'on charge de siccatif, c'est-à-dire, de litharge qu'on mélange d'un peu de couleur broyée, et qu'on réserve pour ces places résineuses. Si on peint à l'huile verni-polie, il faut y mettre plus de teinte dure, c'est-à-dire, plus de litharge; elle masque le bois et durcit les parties résineuses qui en exsudent : une seule couche suffit et donne du corps au bois; on peut abréger l'ouvrage en frottant la place avec une tête d'ail.

8°. Il y a des couleurs, celles sur-tout dont le fond est argilleux, comme les stils de grains, les bols, etc.; ainsi que les noirs de fumée de vigne, etc, qui sèchent très-difficilement lorsqu'on les emploie à l'huile : il convient de les forcer de siccatif, suivant le genre de la couleur; la litharge pour les couleurs foncées, le sulfate de zinc (vitriol blanc) pour les couleurs claires, mêlés à l'huile siccative : cette méthode n'est jamais sans succès. Nous observons d'ailleurs, que l'emploi du siccatif devient inutile dans tous les cas et pour toutes couleurs qui admettent dans leur composition l'oxide céruse, l'oxide blanc de plomb, et d'autres oxides métalliques.

9°. Enfin, si l'addition du siccatif devient nécessaire, il ne faut en faire le mélange qu'au moment même de l'application de la couleur, parce qu'il tend à la rendre plus épaisse.

10°. Un principe qu'il ne faut pas oublier, parce qu'il est applicable à tous les genres de peinture, et plus particulièrement à celui - ci, c'est qu'il ne faut jamais appliquer une nouvelle couche de couleur que la précédente ne soit sèche. Il convient aussi d'épousseter la poussière qui recouvre quelquefois la dernière couche et dont le mélange avec la nouvelle ne manqueroit pas d'altérer l'uniformité de la teinte : ceci s'entend sur-tout des couleurs claires, comme les blancs et les gris. On reconnoît qu'une couche de couleur est sèche, lorsqu'elle n'adhère pas au revers de la main qu'on appuye dessus.

11°. Tous les genres de peinture d'impression demandent que chaque couche de couleur ait, dans toute la surface qu'elle occupe, une parfaite égalité d'épaisseur ; et comme cela dépend de la consistance, il convient de l'entretenir égale. L'habitude, l'expérience, indiquent mieux le précepte que toutes les expressions qu'on pourroit rassembler pour le mettre en action. Une impression trop claire *se truite*, se gerce par la dessication : trop épaisse, elle se ride, devient ondoyante et coupe le reflet de la lumière. L'addition d'un peu de couleur broyée, ou bien celle du véhicule corrige, à cet égard, l'un de ces deux défauts.

Cependant, il n'y a pas d'inconvénient à donner un peu plus de liquidité à la première couche qu'aux suivantes ; parce qu'elle est plutôt destinée à prendre pied sur la surface qu'elle recouvre, qu'à établir le ton de la couleur qu'on recherche. Mais les suivantes, et sur-tout la dernière, doivent avoir assez de consistance pour éviter la retraite de la couleur : l'addition d'un peu d'essence la ramène au vrai point, si elle est trop épaisse.

12°. Si l'on cherche dans la couleur une solidité capable de résister aux chocs, ou aux frottemens, on réussira mieux en donnant une première impression avec un oxide métallique, tels que le jaune de Montpellier, l'oxide céruse, ou l'oxide vitreux de plomb (litharge) réduit en poudre fine, broyé à l'huile cuite et détrempé à l'huile mêlée d'essence, qu'avec la couleur même détrempée à l'huile.

13°. L'exercice d'une profession forme à des habitudes qui se convertissent en préceptes chez les personnes qui veulent se placer au niveau de l'artiste. L'amateur n'est pas, dès le premier essai, un imitateur servile du peintre. L'usage du pinceau ne présente pas au premier abord un homme fort adroit. Mais, juge de son propre ouvrage, il découvre bientôt ce qui manque à son expérience. Il parvient enfin, quoiqu'avec lenteur, aux résultats qui naissent rapidement sous une main exercée. Il sent la nécessité de varier les coups de pinceau suivant certaines circonstances. Tantôt il le promène à longs traits pour étendre uniformement la couleur ; d'autres fois il le plonge à coups répétés sur la boiserie, pour incruster la matière dans les parties abritées par les moulures ou par la sculpture. Il évite les empâtemens ; il s'encourage par le nouvel aspect qui se développe sous ses yeux; il sent, il se persuade enfin que la perfection de l'application concourt pour beaucoup à la richesse, au ton des couleurs, et au beau développement qu'elles acquièrent alors sous les reflets de la lumière. Tout amateur fortement pénétré de la nécessité d'arriver à ces résultats peut se passer d'artiste. Je dis plus ; il vaut mieux qu'un ouvrier sans goût, quelqu'habitude qu'il ait dans ce genre de travail. Bientôt la peine disparoît à côté des jouissances qu'il se procure.

Ce genre de peinture connoît cependant une circonstance qui demande le concours de différens artistes, et dont le travail se trouve au-dessus des efforts de l'amateur même le plus adroit. Telle est l'impression destinée aux fonds des équipages de luxe. Elle exige la réunion du peintre en tableaux, du peintre d'impression et du doreur. Dailleurs l'application du vernis dans ce cas doit être suivie d'une opération dont on se dispense pour tous les cas de vernissage ou de peinture pour les appartemens ordinaires, et pour les objets extérieurs : c'est le polissage. Cette opération à laquelle l'amateur n'est pas appellé, fait sentir la nécessité d'admettre pour ce genre de peinture d'impression, une division relative à l'espèce de travail qu'elle exige.

Division de la Peinture à l'huile.

Le genre de peinture désigné sous le nom de peinture à l'huile d'impression, peut être divisé en deux sortes : en peinture à l'huile ordinaire et en peinture à l'huile vernie polie. La première est du genre simple : la seconde prend plus d'étendue. Elle devient la base des fonds qu'on polit et qu'on recouvre d'un vernis qu'on polit de même. Cette addition de travail porte les artistes à admettre cette division dont la nécessité ne me paroît pas solidement fondée. La peinture à l'huile formant un genre séparé, distinct de la peinture au vernis et de la peinture en détrempe, on ne peut admettre d'autre division que celle qui en fait des espèces, surtout lorsque les mêmes matières servent aux deux cas. Toute peinture à l'huile est susceptible de prendre un beau poli, lorsque l'épaisseur des couches permet l'application des procédés que demande la peinture vernie polie. On peut également la vernir et la glacer, pour augmenter la vivacité de la couleur, et pour la faire ressortir dans tout son éclat. Nous avons même indiqué un moyen pour remplir, par une même opération, les conditions qui établissent la peinture à l'huile simple et celle qui porte un vernis, celui qu'on trouve dans l'usage de l'huile siccative résineuse, page 120.

Cette distinction dérive donc plutôt de celle qu'on met aux objets auxquels on destine ce genre de peinture que de la nature des matières qu'on met en œuvre, ou des variétés qu'on apporte à leur composition. Tous les fonds de voitures sont peints à l'huile, vernis et ensuite polis. Certains meubles de prix, les bijoux faits avec nos émaux factices exigent aussi cette dernière opération, qui leur donne beaucoup d'éclat, et qui les dispose à un reflet de lumière plus uniforme.

Polissage.

Pour le polissage, on fait usage de procédés qui sont relatifs à la nature et à l'espèce de vernis qui le demande. Les vernis durs, tels que ceux qui résultent de la solution du succin et du copal dans une huile siccative, ou même dans l'essence ; ainsi que certaines couleurs à l'huile, peuvent supporter le contact des corps durs qu'on emploie pour le polissage. Cependant, il ne réussit parfaitement que lorsque le fond est chargé d'un certain nombre de couches d'une couleur à laquelle on donne le nom de *teinte dure* (l). Cette teinte dure donne au tout

---

(l) *La teinte dure* se prépare en broyant très-fin, à l'huile pure, de l'oxide céruse, et en le détrempant avec de l'essence de Térébenthine : on étend sept à huit couches de cette couleur avant de polir. La céruse qui

une certaine épaisseur et beaucoup de consistance.

Lorsque la teinte dure a reçu toutes les couches qu'elle demande, et qu'elle est très-séche, on détrempe, dans une suffisante quantité d'eau, de la pierre ponce réduite en poudre fine et passée au tamis de soie; on étend cette poudre sur un morceau de serge blanche, auquel on donne la forme d'un tampon. On promène ce tampon sur toute la surface de la couleur pour l'user uniformément : et pour juger sainement sur ce point, on passe souvent de l'eau sur la partie qu'on use. Cette opération achevée, on applique deux ou trois couches de la couleur dont on a fait le choix, en adoucissant le mouvement du pinceau pour éviter les stries; et on glace ensuite avec deux couches de vernis transparent et sans couleur, si on se

---

doit servir à cette *teinte dure* doit avoir subi un certain degré de chaleur qui lui fait perdre son blanc, et qui l'empêche de pousser les couleurs dont on la recouvre. C'est alors ce que les ouvriers désignent sous le nom de céruse calcinée; elle tire un peu sur le jaune. Il convient de ne pas donner trop de chaleur à l'oxide céruse qu'on destine aux diverses couches de *teinte dure*, parce qu'elle influe sur les fonds colorés qu'elle doit supporter. Les *teintes dures* s'appliquent sur une couche d'impression faite avec l'oxide céruse non calciné, broyé à l'huile de lin et détrempé avec partie égale d'huile de lin et d'essence.

contente de ce travail : mais si on doit polir le vernis même comme la teinte dure ; en un mot, si on cherche à imiter celui qui recouvre les panneaux des équipages, on en met sept à huit couches.

Lorsque les dernières couches de vernis forment de petites ondulations qui coupent, dérangent ou brisent les reflets de lumière, il convient de polir. Ce dernier polissage se fait avec avantage en se servant du tripoli réduit en poudre très-fine, détrempé d'un peu d'huile et placé sur un tampon de serge, ou mieux encore sur de la peau de daim. On enlève ensuite la partie grasse avec un peu de son ou avec de la farine, qu'on promène avec un linge propre. Enfin, on donne le dernier poli avec de la serge, ou avec un morceau de drap, sans addition de matière.

C'est de cette manière qu'on polit les vernis qui font l'office de glace sur certains meubles et les vernis colorés ou sans couleur, qu'on applique sur les lames ou sur les corps métalliques. Ces derniers ne demandent qu'un frottement uniforme avec un morceau de drap. Il est rare qu'on ait besoin de préluder avec la pâte huileuse au tripoli. Le plus beau polissage est celui qu'on exécute sur le tour.

Les réparateurs des couleurs sur les panneaux et trains de voitures ne s'amusent pas à promener la ponce pulvérisée sous le tampon de serge ; ils usent et enlèvent à grande eau la vieille couleur jusqu'au bois, avec un morceau de pierre ponce. Plusieurs même se servent pour ce travail, d'une pièce de feutre et de sable fin. Ce procédé peut seul convenir à ce genre de travail.

Avant de passer à une autre espèce de peinture qui trouve ici sa place, puisqu'elle fait suite à celle qui porte le nom de peinture vernie polie, il peut être utile de donner un apperçu sur la quantité de couleur à l'huile, nécessaire pour couvrir une surface d'une toise quarrée de 8 pieds (84,36,10 d.mt. q.), mesure commune chez nous et dans nos environs.

Il n'est guères possible d'apprécier au juste la quantité de couleur que cette surface exige, pour trois couches de couleur en détrempe, au vernis ou à l'huile. Cet objet est tellement subordonné aux circonstances qui dérivent de la nature des couleurs, de celle du bois qui peut être tendre ou dur, nouvellement travaillé ou très-vieux, et souvent même déjà pénétré d'une couleur; ou enfin de l'état des murs ou cloisons qu'on veut peindre, qu'on ne peut que donner des apperçus qui doivent suffire à l'amateur, mais que l'habitude du travail rend superflus à l'ouvrier.

En supposant les murailles préparées par une impression à l'huile chaude, et le bois sortant des mains du menuisier, trois couches consommeront quatre livres (1,956,58 kilogram.) de couleur détrempée ; et pour les quatre livres de couleur, il faudra à-peu-près deux livres (978,29 grammes) d'oxide céruse, et autant d'huile de lin ou de noix, ou d'essence; ou enfin d'un mélange de ces deux dernières, à parties égales. Si on détrempe à l'essence pure, la détrempe en sera plus liquide.

Si on veut rendre la couleur plus siccative, ayant égard aux couleurs sombres, on ajoute demie-once (15,28 grammes) d'oxide vitreux de plomb (litharge) sur chaque livre (489,14 gram.) de couleur. Si la couleur est claire, on substitue à la litharge un gros (3,82 grammes) de sulfate de zinc (vitriol blanc).

Des Toiles et Taffetas cirés.

Il se peut que l'expression de cirées, qu'on applique à certaines préparations de toiles, dérive des premiers essais dans lesquels la cire pouvoit faire partie de la composition; ou bien qu'elle tienne à une de ces réserves si communes aux inventeurs qui cherchent à tirer parti de leurs recherches et d'une heureuse découverte : il est de fait, cependant, que cette dénomination est absolument étrangère aux objets de cette fabrication, dans laquelle il n'entre pas un atome de cire. Ainsi le taffetas ciré, et les toiles cirées font partie des substances ou préparations qui attendent de la bonne foi des

fabriquans ,

fabriquans, ou des lumières du siècle, le bénéfice d'une nomenclature qui puisse présenter à l'instruction le mérite d'une définition : ce sont des taffetas vernis, des toiles vernies.

L'art de préparer ces toiles est un de ceux qui ont échappé à l'ingénieuse et belle entreprise de la précédente Académie des Sciences de Paris sur la description des Arts et Métiers en pleine activité. Je ne connois aucun Auteur qui en ait fait mention, même indirectement : ce que j'en présenterai dans ce traité n'est qu'une esquisse de cet art, dont les procédés, pour tout ce qui tient à l'application des fonds et à l'impression des dessins coloriés, présentent assez de variétés et un intérêt assez grand pour justifier et même pour rendre très-précieuse l'entreprise de leur description détaillée. La fabrication de ces toiles, considérée sous un point de vue politique, n'est pas indigne de l'attention publique : elle peut être naturalisée en France, dans les Départemens où la culture du chanvre et du lin constitue une des principales productions du sol. Je me bornerai aux seuls faits apperçus dans quelques expériences particulières, et aux connoissances que j'ai acquises sur ce genre de travail ; il me suffit de constater que la fabrication des toiles et des taffetas cirés est attachée à celle des vernis, et qu'elle en devient une dépendance.

Cet art a pris naissance en Hollande, et il la doit sans doute aux besoins du commerce, qui fait une si grande consommation d'objets propres à l'emballage. Il est vraisemblable que les premières entreprises auront toutes été dirigées vers ce but qui lui assuroit un écoulement constant et très-étendu. Il est tout aussi vraisemblable que les premiers procédés admettoient l'emploi de la cire, et que les premières toiles sorties des fabriques pouvoient avoir quelque ressemblance avec ces toiles d'emballage qui nous arrivent des Indes, et qui portent un enduit cireux.

Le nom de toiles cirées qui leur convenoit alors, en survivant à la composition, aura servi à désigner jusqu'aujourd'hui des compositions plus soignées, moins grossières et cependant moins couteuses ; car la cire a une valeur plus grande que les substances qui concourent à la fabrication actuelle de ces toiles, qu'on fait servir à tant d'objets pour les besoins de la Société.

Si la Hollande a été le berceau de ce genre de fabrication en grand, il se peut que le premier travail ait été connu et suivi dans d'autres contrées limitrophes. Ce qu'il y a de certain, c'est que l'extension qu'on a donnée depuis peu à cette fabrication, en admettant un certain fini dans les dessins, doit contribuer à en multiplier les entreprises. En effet, il s'en trouve de belles fabriques dans les ci-devant Pays-Bas Autrichiens, en Allemagne, et sur-tout à Francfort, où les ateliers réunis occupent un terrain assez considérable.

Chaque entrepreneur, chaque ouvrier même a ses compositions et ses méthodes, qu'il applique au genre d'ouvrage qu'on lui confie. Le travail des toiles vernies communes est très-simple : mais, comme nous l'avons annoncé, il s'en prépare aussi d'autres qui demandent quelques degrés de plus dans l'intelligence de l'ouvrier, en ce qu'elles exigent les mêmes soins que pour la fabrication des toiles peintes. Dans ces toiles vernies l'art du coloriste y est à l'épreuve, parce que le fini, la fonte heureuse des couleurs, la richesse de leurs variétés, le naturel des nuances et la délicatesse des traits concourent à leur valeur et par conséquent à leur prompt écoulement.

Mais si la différence du travail a une influence aussi puissante sur ce genre de fabrication, on doit sentir que la qualité de la toile y contribue beaucoup ; car c'est elle seule qui détermine le genre d'impression qu'on doit mettre en œuvre. Ainsi on travaille des toiles vernies grossières, des toiles de moyenne qualité et d'autres très-fines.

Travail de la Toile vernie commune, soit Toile cirée commune.

La préparation de ce genre de toiles est fort simple et d'assez peu de valeur. L'achat de la toile et de l'huile de lin constitue les principales avances de l'établissement.

On établit de vastes chassis sous des hangards dont les faces latérales, qui sont à jour, donnent un libre cours à l'air extérieur. On tend sur les chassis des toiles communes, d'un tissu clair et grossier. La manière de les y assujettir est simple et commode, en ce qu'elle peut obvier au relâchement du tissu de la toile pendant l'application de la pâte vernie. Elles sont bridées autour du cadre par des espèces de ∞ de chiffres ou des ∽, dont un des anneaux se termine en crochet qui prend le bord de la toile. L'anneau opposé qui est fermé, tient une forte ficelle qui entoure une cheville mobile plantée sur le côté extérieur ou sur la surface inférieure du chassis. Le mécanisme qui tend ou détend les cordes d'un violon, donne en petit l'image de cet arrangement de chevilles établies sur le chassis employé au travail de ces toiles vernies. Il est facile alors de tendre ou de détendre les toiles, lorsque l'impression du vernis huileux agit, en tout ou en partie, sur leur tissu, pendant le cours du travail. Le tout ainsi disposé, on recouvre la toile d'une pâte liquide, faite avec l'huile siccative, et dont on peut varier la composition.

Pâte liquide à l'huile siccative.

On délaye dans de l'eau, du blanc d'Espa-

gne, ou de la terre de pipe, ou toute autre
matière argilleuse, et on laisse former le sédiment pendant quelques heures ; ce temps suffit
pour opérer l'écartement des parties argilleuses.
On brouille alors le sédiment avec un balai,
pour achever la division de la terre ; et après
un repos de quelques secondes, on décante l'eau
trouble dans un vase de terre ou de bois. Par
ce procédé, on parvient à séparer de la terre
les sables et les autres corps étrangers qui se
sont précipités et qu'on rejette. Si la terre a été
lavée par le même procédé pratiqué en grand,
on se contente de la détremper pour la diviser.
On rejette l'eau qui surnage le sédiment qu'on
enlève, et qu'on laisse un peu égouter sur des
tamis ou sur des toiles : on le détrempe alors
dans une huile de lin rendue siccative par une
assez forte dose de litharge, (un quart du poids
de l'huile). On donne au mélange la consistance
d'une bouillie épaisse qu'on étend sur la toile
par le moyen d'une lame de fer, dont la longueur répond à la largeur de la toile. Cette
lame fait l'office d'un couteau, qui pousse en
avant toute la matière excédente à la juste quantité qui convient à cette espèce d'enduit.

Quoique la terre ainsi mélangée contienne
encore de l'eau, elle s'unit cependant bien avec
l'huile cuite. Cette eau passe dans le tissu de
la toile, qui facilite son évaporation, en même
temps qu'elle en emprunte elle-même la pro-

priété de ne pas se laisser trop pénétrer par le vernis huileux. En effet , quelque liquide que puisse être ce vernis , il ne transsude pas jusqu'à la surface inférieure de la toile.

On laisse sécher cette première couche , à la suite de laquelle on en applique une seconde. On use alors avec la pierre ponce les inégalités produites par la grossièreté du tissu de la toile , ou par une inégale dispersion de la pâte. Ce ponçage s'exécute avec de la pierre ponce réduite en poudre , qu'on promène détrempée d'eau , avec un tampon d'étoffe ou de liège doux ; ou bien avec une pierre ponce entière , dont on a usé une des faces. On lave très-exactement avec de l'eau , pour nettoyer la pièce ; on laisse sécher , et on applique un vernis à la gomme résine lacque , tenue en solution dans de l'huile de lin cuite avec de la térébenthine , et qu'on liquéfie , s'il le faut , avec de l'essence de térébenthine.

Cette préparation donne une toile vernie (cirée) jaunâtre. Lorsqu'on veut la rendre noire , il s'agit de mêler du noir de fumée au blanc d'Espagne , ou à la terre de pipe qui constitue la base de la pâte liquide. Le plus ou le moins de ce noir établit les nuances de gris-clair , de gris-foncé jusqu'au noir. La terre d'ombre , la terre de Cologne , les diverses terres argilleuses ochracées , sur la nature desquelles on s'est étendu dans le chapitre qui les concerne , peuvent varier les teintes , sans causer d'augmentation dans les frais d'établissement de ce genre commun.

Des Toiles vernies (cirées) fines, imprimées.

Le travail qui vient d'être indiqué pour les toiles vernies polies communes suffit pour asseoir le jugement sur celui des toiles vernies polies fines et décorées d'une impression coloriée. Dans le principe, ce genre de fabrication se bornoit aux toiles communes à fonds unis de couleurs variées. L'industrie a su en étendre l'usage. Elle trouvoit sur la palette du peintre, tous les matériaux qui pouvoient faire rivaliser ce nouvel art avec celui des toiles peintes par impression. La solidité du tissu de la toile , augmentée encore par celle d'un enduit souple et imperméable à l'eau , ouvroit à ce genre de fabrication une carrière plus lucrative , par l'emploi d'une impression plus soignée et qu'on pouvoit assujettir à toutes les règles du dessin. En effet , on vit sortir des fabriques d'Allemagne des toiles vernies polies , à grands et à petits sujets , à personnages et à paysages assez bien exécutés, et dont la consommation consacrée à recouvrir bien des meubles d'un usage habituel , devint un aliment certain pour l'entretien de ce genre d'entreprise.

Ce nouveau travail , qui n'est qu'un perfectionnement du premier , demande une pâte plus fine et des toiles d'un tissu plus délicat. L'enduit s'applique d'ailleurs selon le procédé décrit. Bientôt la toile quitte le châssis, après y avoir reçu le poli : de-là elle passe sur la table de l'imprimeur, où l'art du coloriste et du dessinateur vient s'égayer sous mille formes et y développe, comme dans la fabrication des indiennes, cette richesse de teintes, cette distribution de sujets qui décèlent le goût et qui assurent le succès des fabriques.

Cependant, les procédés employés dans ces deux arts pour extraire les parties colorantes ne sont pas les mêmes. Dans l'art de l'indienneur, les couleurs se tirent par le bain, comme dans l'art de la teinture. Dans l'impression coloriée des toiles vernies (cirées) les parties colorantes sont le résultat de l'union de l'huile siccative mêlée de vernis, avec les diverses couleurs matérielles en usage dans la peinture à l'huile ou au vernis.

Le vernis qu'on applique sur la toile cirée commune est composé de résine laque et d'huile de lin siccative ; mais celui qu'on destine aux toiles vernies imprimées demande un choix et pour l'huile et pour la matière résineuse qui lui donne la consistance. L'huile d'œillet préparée et le copal constituent un vernis peu coloré, souple et solide.

Des Taffetas vernis, connus sous le nom de Taffetas cirés.

On connoît deux genres de taffetas vernis ou cirés : celui qu'on destine à la fabrication des parepluies, des capotes, couvertures de chapeaux etc. ; et celui qu'on connoît sous le nom de taffetas d'Angleterre.

Le premier se prépare de même que les toiles vernies polies dont on vient d'exposer le travail, en mettant un peu plus de choix dans les matières qui servent de base à la bouillie liquide ou vernis, dont on forme les enduits. Le second reconnoît pour base un enduit gélatineux, qu'on recouvre ensuite d'un vernis du premier genre, c'est-à-dire à l'alcohol (esprit de-vin) et d'une composition très-simple.

Pour la préparation du premier, si le taffetas présente une assez grande surface, on l'assujettit sur un chassis de bois, garni de crochets et de chevilles mobiles, comme on le pratique pour le travail ordinaire des toiles vernies (cirées) : on verse une certaine quantité d'une pâte molle, composée d'huile de lin cuite avec un quart de litharge, de blanc de Troyes ou de blanc d'Espagne, ou de terre de pipe ; de noir de fumée et de litharge, à-peu-près dans les proportions suivantes : terre de pipe séchée et passée au tamis de soie, 16 parties ; litharge porphyrisée à l'eau, séchée et passée au même tamis, 3 parties, noir de fumée, une partie. On égalise la surface du vernis avec une longue lame de couteau, terminée par un manche ou manille à chaque extrêmité.

Dans l'été, 24 heures suffisent pour la dessication. Alors on applique une seconde couche. Lorsqu'elle est séche, on passe la ponce usée sur les inégalités produites par les nœuds du taffetas. Ce ponçage se fait avec de l'eau; et lorsqu'il est achevé, on lave la surface du taffetas; on laisse sécher, et on applique le vernis de copal cinquième genre, N°. 23.

Si on veut polir ce vernis, il convient d'en appliquer une seconde couche. On polit alors avec le tampon d'étoffe chargé de tripoli en poudre très-fine, ou simplement avec une toile forte. Le taffetas vernis qui résulte de ce travail est très-noir, très-souple, et il présente un beau poli. On peut le froisser de mille manières, sans qu'il conserve aucun pli ou aucune trace de pli. Il est léger, et cette qualité le rend propre à servir de couverture aux chapeaux et à la fabrication de ces espèces de capotes et même de manteaux si utiles aux voyageurs en temps de pluie.

Lorsqu'on est dans l'intention de profiter de vieux coupons de taffetas, quelle qu'en soit la couleur, et dont l'étendue ne dépasse pas la demi aune, on se contente de l'assujettir avec des ficelles autour d'un chassis de même grandeur, en tenant le taffetas très-tendu. On verse ensuite la pâte liquide par petites parties qu'on étend avec un long couteau ordinaire dont la pointe est arrondie, à-peu-près dans la forme des couteaux anglais, pour ne pas risquer de percer l'étoffe. Le manche de ce couteau est disposé en équerre, de manière qu'on peut faire tous les mouvemens que demande l'extension de la pâte, sans que les doigts touchent le fond du taffetas, et sans faire perdre à la lame l'exacte position horisontale. Un peu d'habitude rend ce genre de lissage tout aussi parfait que celui qui a lieu avec la grande lame dans le travail en grand.

Enfin, si la coupe du taffetas présente des bandes longues et assez étroites, on peut, pour appliquer la pâte, se servir du mécanisme que j'ai mis en usage pour tirer d'un seul trait, deux à trois aunes (3 à 4 mètres) de sparadrap (toile recouverte d'une composition *emplastrique*).

Qu'on se représente une table ordinaire, lisse et parfaitement horisontale, de 18 à 20 pouces en quarré (demi mètre et plus). Aux deux extrêmités de cette table et sur un de ses bords, s'élèvent deux vis de fer, disposées à recevoir une règle de même métal, dont l'extrêmité inférieure est terminée en espèce de couteau. A cet effet, les deux bouts de cette règle présentent deux anneaux, qui reçoivent les vis auxquelles on applique ensuite deux écrous. C'est par ce dernier moyen qu'on parvient à fixer la largeur de la règle dans une position verticale : mais, pour établir l'épaisseur qu'on doit donner à la composition qu'on veut étendre sur la toile, on place à côté des vis, et entre la règle et la table, autant de petits carrés de cartes à jouer qu'on juge nécessaires pour la déterminer; deux à trois suffisent.

Cet arrangement achevé, on passe un des bouts de la toile entre la règle et la table, de manière qu'elle dépasse la première d'environ un pouce (centim. 2, 7) pour qu'on puisse la tirer à soi pendant le travail. On verse alors la composition vers la partie intérieure de la règle, et de manière à garnir la toile dans toute sa largeur. On a soin d'entretenir la coulée de matière, pendant qu'une autre personne tire à elle la toile, jusqu'à-ce qu'elle soit toute passée sous la lame. Par ce mécanisme, on obtient un enduit d'une égale épaisseur, et si uni qu'on peut se dispenser de recourir au ponçage. Lorsque l'enduit est sec, on recouvre du vernis au copal N°. 23.

C'est par une semblable composition, et par des procédés analogues, que l'Artiste, connu à Genève sous le nom de Louvrier, prépare ses taffetas vernis souples, dont il a communiqué divers échantillons à la Société des Arts. C'est cette même pâte qu'il recouvre d'un vernis, qu'il étend sur de la toile, sur des feutres, sur des cuirs, etc. et dont l'usage pourroit être plus étendu et plus utile, en l'appliquant aux bottes, bottines et autres chaussures qu'une composition bien soignée rendroit imperméable à l'eau. Il termine ses applications par un poli soigné.

C'est encore avec cette composition qu'on peut imiter les semelles d'étoffe légère vernies d'un côté, qu'on tire d'Angleterre. Mais pour cette disposition particulière, le mélange d'oxide céruse, de la terre d'ombre et du noir offriroit plus de consistance que la terre de pipe, et seroit moins sujet à l'influence de l'humidité; on pourroit même en composer des chaussons qu'on porteroit dans le soulier. Nous avons réalisé ce dernier procédé.

Il est superflu d'avertir que la substitution d'une autre couleur au noir de fumée, donneroit au fond du vernis une variété rélative, sans affoiblir le moins du monde ses propriétés.

Taffetas verni sans couleur.

On fait usage, depuis quelque temps, d'un taffetas ciré ou verni qui n'a qu'une couleur jaunâtre, et qui laisse paroître le tissu de l'étoffe; c'est un simple vernis : il se prépare sans pâte ou bouillie. On recouvre l'étoffe d'un mélange de trois parties d'huile d'œillet cuite, et d'une partie de vernis gras au copal; on étend ce vernis ou avec un pinceau rude, ou avec le coûteau. Deux couches suffisent lorsque l'huile est dégraissée à feu lent, et avec un quart de son poids d'oxide vitreux de plomb (litharge).

On enlève les inégalités avec la pierre ponce et de l'eau ; on applique ensuite le vernis de copal. Cette simple opération, conduite sur un taffetas blanc, lui communique une couleur jaune qu'il doit à l'huile cuite et au vernis.

Ce taffetas a toutes les qualités qu'on attribue à certaines préparations de taffetas prétendus cirés dont on fait des gilets et chemisettes à l'usage des personnes tourmentées par les douleurs de rhumatisme. Quelques médecins ont eu de la confiance dans l'usage des flanelles teintes en bleu par l'indigo : il seroit très-facile de faire passer cette même couleur dans les vernis destinés à cette préparation.

Du Taffetas d'Angleterre.

La préparation du taffetas d'Angleterre est plus simple ; la colle fait la base du premier enduit. Quoique cet objet soit étranger aux impressions à l'huile et au vernis, sa dénomination se rapproche si fort des préparations qui viennent de nous occuper, qu'on pourroit les confondre : il n'est pas inutile de le mettre en parallèle avec ceux qui précèdent.

On écrase une suffisante quantité de colle de poisson ; on la met tremper, pendant vingt-quatre heures, dans un peu d'eau chaude, on l'expose sur le feu pour faire dissiper la plus grande partie de cette eau ; on la remplace par de l'eau-de-vie sans couleur qui s'empare de la gélatine (colle); on passe le tout par un linge clair, et on observe que la quantité de l'excipient soit telle, qu'il en résulte une gelée tremblante après le refroidissement.

On étend sur un chassis de bois carré du taffetas noir qu'on fixe avec des clous d'épingle, ou avec une ficelle faufilée. On applique, à l'aide d'un pinceau à poils de Blaireau, l'eau de colle qu'on a fait chauffer légérement pour lui rendre la liquidité. Lorsque cette couche est sèche, ce qui arrive assez promptement, on en applique une seconde et même une troisième, si on veut donner à cet apprêt une certaine épaisseur. Lorsqu'il est sec, on le recouvre de deux à trois couches d'une forte teinture de baume du Pérou sec, ou de baume du Commandeur. Lorsque la dernière couche est sèche, le taffetas est préparé.

C'est le vrai taffetas d'Angleterre, et il est d'un certain prix; il est souple et ne casse point, caractères qui le distinguent de tant d'autres préparations qui portent aussi le nom de taffetas d'Angleterre.

La cupidité a atteint cette composition comme tant d'autres. On distribue, sous le nom de taffetas d'Angleterre, des taffetas dont l'apprêt est très-épais et cassant. A la colle de poisson, qui est d'un prix très-élevé, on substitue la colle forte dont on recouvre les enduits par un vernis du premier genre, soit à l'alcohol. Ces taffetas se brisent, se gercent, et n'ont pas l'odeur balsamique qui caractérise particulièrement le vrai taffetas d'Angleterre. Il suffit de les frotter un peu, pour reconnoître cette dernière substitution de vernis.

Quand on veut faire usage du vrai taffetas anglais, on humecte de salive le côté opposé à l'apprêt, et il s'agglutine très-bien. Les faux taffetas vernis portent une colle trop dure, trop difficile à détremper, pour prendre pied par un moyen aussi simple; ils demandent à être humectés par le côté de l'apprêt.

L'usage de ces taffetas doit être restreint au seul cas des coupures, et ne doit pas s'étendre aux écorchures ni aux blessures par contusion, quoique cette restriction paroisse contraire aux annonces fastueuses qu'on débite. Dans ces deux derniers cas, l'application du gommé, même le plus fidèlement préparé, est toujours accompagnée d'une inflammation qu'il faut traiter ensuite avec des cataplasmes maturatifs de lait et de mie de pain.

Après avoir épuisé la matière sur tout ce qui tient à la peinture à l'huile simple et à la peinture vernie polie qui embrasse dans sa partie le travail des toiles et taffetas qui portent improprement les noms de toiles et taffetas cirés, il nous reste à faire connoître le dernier genre de peinture, connue sous le nom de peinture à la détrempe; elle fait le sujet du chapitre suivant.

CHAPITRE

CHAPITRE CINQUIEME.

De la Peinture en détrempe. De l'encollage et des compositions pour les couleurs en détrempe. Préceptes généraux sur cette partie de l'art.

De la Détrempe.

L'USAGE de la détrempe est plus ancien que celui de la peinture à l'huile et au vernis. Pour faire sentir cette vérité qui ne demande aucun détail, il suffit de lui donner la même origine qu'à la découverte des enduits. L'enduit mené avec art est une espèce de détrempe lorsque le constructeur, guidé par le motif de lui donner de la solidité, y fait entrer la colle qui en est le principe, quelque soient d'ailleurs les matières qui en font parties, mortier ou plâtre. L'espèce de poli qu'on parvient à donner, par plusieurs lavages, à ces sortes de constructions, tient à la détrempe qui porte le nom de *Badigeon*.

Si cet art, premier apperçu de la première architecture, semble s'évanouir et disparoître à l'aspect de ces superbes monumens qui attestent

Tome II. R

la puissance physique de l'homme , comme celle de son génie créateur, il ne concourt pas moins, à l'aide des modifications que l'art lui a fait subir et qui en ont étendu l'usage, aux divers détails d'agrément que la magnificence et le luxe admettent et déploient dans l'intérieur des palais.

Les premières détrempes n'ont pu être que très imparfaites. Mais , susceptibles d'emprunter les secours des diverses parties colorantes qui se prêtent si aisément à la magic de la peinture , cette partie de l'art du peintre d'impression devoit se ressentir des efforts et des progrès de l'industrie : elle devoit s'écarter de ses premières règles de simplicité, pour s'élever à une haute perfection. Bientôt , en effet , elle devint la base des peintures à fonds colorés sur lesquels on fit les premiers essais des vernis glacés; elle est même devenue, sous les noms de Chipolin et de blanc de Roi , une des décorations les plus élégantes et les plus recherchées pour l'embellissement des palais , dans tous les cas où elle se trouve rehaussée par l'or.

Dans toute espèce de détrempe, la colle , cette matière gélatineuse qu'on extrait de diverses parties des animaux, quel qu'en soit le genre, devient le principe de la solidité qu'on remarque dans ce genre de peinture. Elle sert de lien aux parties divisées qui n'exercent entr'elles qu'une adhérence pulvérulente et de simple contact : elle empêche enfin qu'elles ne se détachent, lorsqu'on les frotte ou qu'on les époussette.

Le vernisseur ne restreint pas l'usage de la colle à la peinture à la détrempe, il la destine aussi à recouvrir et à préserver les peintures dont on décore certaines pièces qu'on veut vernir, telles que les tapisseries, papiers, ou autres sujets peints à la gomme; les boîtes, les cartons peints ou recouverts de découpures, les éventails, etc. etc. Mais le genre des ouvrages, auxquels on veut appliquer l'encollage, prescrit un choix dans les matières propres à fournir la colle. Pour les objets délicats il faut une colle pure, incapable de porter une teinte étrangère. La colle de poisson, ou celle qui est fournie par les rognures propres du parchemin, répondent à cet égard aux vues qu'on se propose. Les rognures de gants, celles de peaux blanches donnent une colle assez pure pour la détrempe ordinaire. Les rognures de peaux de mouton, de chèvres, etc. trouvent leur application dans un genre commun de détrempe, lorsqu'on en a extrait la gélatine (colle). Dans ces derniers cas, on abrège considérablement l'ouvrage, en faisant résoudre dans une certaine quantité d'eau, de la colle forte ordinaire de Flandre. Cette colle est l'extrait sec d'une forte décoction qu'on fait subir aux ligamens, cartilages, tendons, membranes intérieures et rognures de peaux d'animaux.

R 2

Toutes ces substances donnent une gélatine (colle) plus ou moins forte, à raison de l'âge de l'animal et de la partie dont on l'extrait. Celle qu'on retire de la peau est la plus forte. Cependant on se sert ordinairement de la colle de Flandre pour tous les objets de détrempe en grand, parce qu'on cherche plutôt la transparence que la force, pour ce genre d'ouvrage.

Première qualité. Colle de Poisson.

Quelle que soit la matière dont on cherche à extraire la gélatine (colle), c'est toujours par le moyen d'une forte décoction dans de l'eau. La colle de poisson tient le premier rang entre les substances capables de fournir une colle sans couleur. Sa préparation est fort simple. On écrase à coups de marteau les baguettes contournées de cette matière membraneuse ; on l'écharpille ; on la coupe par petits morceaux, et on la fait bouillir dans une suffisante quantité d'eau pure. On passe la décoction par un linge propre, qui retient la partie membraneuse, et on la fait évaporer à petit feu, jusqu'à-ce qu'on s'apperçoive que quelques gouttes de la décoction, qu'on jette sur du papier et qu'on dépose dans un lieu frais, prennent la consistance d'une gelée tremblante ; on laisse alors refroidir la décoction, et elle prend la consistance d'une gelée forte. Dans cet état, elle peut se conserver cinq à six jours en été, et plus de temps en hiver.

Quelquefois on se sert d'eau-de-vie pour détremper cette colle ; mais comme la température qu'on lui fait supporter dissipe tout le spiritueux, il vaut mieux ajouter de l'eau-de-vie à une colle de poisson toute faite et d'une consistance un peu forte. L'eau-de-vie ajoutée contribue à la conserver plus long-temps et accélère la dessication, lorsqu'on la met en œuvre ; mais elle ôte la parfaite limpidité du liquide.

Cette consistance s'opposeroit à ce qu'on put l'étendre librement sur les ouvrages qu'on voudroit passer en colle, si dans le moment même de son emploi on ne l'étendoit pas d'un peu d'eau chaude. C'est donc dans ce dernier état de liquidité qu'on l'applique sur les objets qui ne craignent pas l'impression de ce degré de chaleur, tels que le bois, éventails, cartons, etc. Mais lorsqu'on craint les effets de cette température sur les couleurs, ou sur les découpures qu'elle pourroit décoller, on l'étend alors d'eau froide, et on la tient liquide à la seule température de l'atmosphère.

Certains ouvrages délicats ne demandent qu'une très-légère concentration dans l'eau de colle. Par exemple, si on cherchoit à fixer le pastel par le procédé de Loriot, six à huit deniers, soit 150 à 200 grains (10,196,7 grammes) de colle de poisson, rendue soluble dans 16 onces (489,14 gram.) d'eau pure , qu'on étend encore de deux parties d'alcohol , dans le moment même de son application , suffisent pour donner de la fixité et la consistance convenable à ces sortes d'ouvrages , et pour empêcher que la poudre ne s'en détache. L'alcohol (esprit-de-vin) favorise beaucoup l'évaporation.

Seconde qualité de Colle.

Colle faite avec des rognures de gants ou de parchemin.

On met tremper dans de l'eau chaude , pendant douze à quinze heures , des rognures de parchemin , qu'on fait bouillir ensuite pendant cinq à six heures. On passe le tout par un linge clair , ou par un tamis de crin , pour en séparer les portions membraneuses dépouillées de leur gélatine. On laisse la décoction en repos , et elle ne tarde pas à se condenser en gelée. Si cette décoction se fait en été , la température qui tient long-temps la colle sous l'état liquide , lui donne le temps de se clarifier. La partie supérieure présente en effet une colle tremblante , très-claire et sans couleur , lorsque les rognures de parchemin sont d'un bon choix. L'état de consistance de la colle permet de séparer , avec une écumoire , toute la partie claire de celle du fond du vase , dont la transparence est souvent interceptée par des corps étrangers à la gélatine pure.

Cette colle choisie peut servir à tous les cas qui exigent beaucoup de propreté, et remplacer ainsi celle de poisson. C'est dans cet état qu'on doit l'employer à l'encollage et à la belle détrempe du chipolin et du blanc de roi.

Troisième qualité de Colle.

Colle commune.

La peinture à la détrempe s'accommode, dans bien des circonstances, d'une colle inférieure à celle de ces deux premières qualités. Tous les objets compris dans la détrempe commune appliquée aux plafonds, murailles, planchers, parquets, n'exigent pas un grand choix dans les matières propres à fournir la colle. Ils demandent plus de solidité que de propreté. On y supplée très-souvent par la colle de Flandre, qu'on fait revenir dans de l'eau bouillante.

Quand on veut préparer cette colle, on prend des rognures de peaux de moutons, de gants, de peaux de chèvres et des raclures de parchemin, qu'on fait bouillir pendant trois à quatre heures, dans une suffisante quantité d'eau, (sept à huit parties en poids, sur une de matière). Lorsque la décoction est réduite d'un tiers, on la passe par un tamis de crin ou par un linge.

Elle prend, en refroidissant, la consistance d'une gelée forte, qu'on peut affaiblir selon les circonstances. C'est une colle de brochette.

La consistance dont on fait ici mention donne à cette colle le nom de colle forte, terme d'art qu'on emploie souvent dans la formule d'une composition, et qu'on ne peut pas appliquer à la colle forte séche du commerce. En ajoutant deux livres d'eau (978,29 gram.) on en fait une colle moyenne ; enfin , avec huit livres d'eau (3,913,16 kilogram.) sur cette même dose , c'est tout simplement de la colle : et on peut encore la rendre plus faible si le cas l'exige.

Ces préparations de colle demandent à être mises en œuvre sur le champ , parce qu'elles ne se conservent que cinq à six jours en été , en la tenant dans un lieu frais. Si le temps est orageux elle ne tarde pas à tourner. Quand elles se résolvent en eau , en perdant leur consistance, elles sont arrivées au premier terme de leur altération, et elles ne tardent pas à passer à la putréfaction. Dès qu'on s'apperçoit de ce changement dans la consistance d'une colle , elle ne peut plus servir à la détrempe.

Ces diverses colles , qui ne diffèrent cependant entr'elles que par le plus ou le moins de propreté et de couleur, ont leur application particulière à des ouvrages qui exigent plus ou moins de recherche. La première qualité est destinée à défendre des atteintes du vernis les pein-

tures délicates, les papiers colorés, les peintures à la gomme, etc. La seconde qualité peut,
lorsqu'on use des précautions indiquées, servir
aux mêmes usages. La troisième est destinée à
l'encollage commun.

Encollage.

Le mot d'encollage désigne l'opération par
laquelle on étend l'eau de colle sur les objets
qu'on veut peindre en détrempe ou passer en
vernis. L'encollage s'applique à froid. Cette couche de colle remplit les pores du bois, du carton, du papier et des peintures détrempées à la
gomme; elle y dépose une matière impénétra-
ble à l'alcohol et aux huiles essentielles qui servent d'excipient aux résines qui constituent les
vernis. Elle pourroit elle-même servir de vernis, si on en mettoit plusieurs couches de suite:
mais étant, par sa nature, soluble dans l'eau, la
moindre impression de l'humidité, celle des mains
humides, et dans cette circonstance, l'adhérence
de la poussière auroit bientôt sali des objets
dont on cherche à conserver pendant long-temps
la propreté et le brillant qui en font tout le
prix.

Le vernis s'étend donc sur cette première couche sans porter atteinte aux couleurs et sans
pénétrer plus avant : et si on en multiplioit les
couches au point de lui donner assez d'épais-

seur, il pourroit supporter le travail du polissage. Il constitue alors un genre d'ouvrages trèsrecherché et appliqué à certains meubles.

Les vernis appliqués sur les détrempes colorées les font ressortir avec un nouvel éclat. Cependant cette remarque ne pourroit pas être généralisée sans inconvénient, parce que toute espèce de détrempe ne fournit pas sous le vernis le même résultat. La détrempe qui a la craie pour base ne jouit pas de ce privilège dans toute son étendue; elle brunit sous la première couche de vernis. Cette application de vernis sur détrempe prescrit donc un choix dans les bases ou dans les matières colorantes qui constituent la détrempe à l'eau de colle. L'argille supporte le vernis mieux que la craie ; elle y éprouve d'ailleurs moins de retraite ; mais les couleurs prises dans les substances métalliques sont celles qui , sous la détrempe , soutiennent mieux l'harmonie avec l'éclat du vernis ; tels sont l'oxide ceruse , le blanc de plomb broyés et détrempés à l'essence pour l'apprêt.

Si nous avons spécifié ici des cas qui exigent que l'application de l'encollage se fasse à froid , nous nous reservions d'en faire connoître d'autres, qui demandent que la gelée qui sert à l'encollage soit d'une certaine force , qu'elle soit épaisse , et conséquemment qu'elle soit employée à chaud , à l'exception de la dernière couche , qu'on applique avec une colle plus faible, si on a le dessein de recouvrir d'un vernis.

Les corps susceptibles de recevoir la peinture à la détrempe sont le bois, les murailles, le plâtre, les peaux, les toiles, les cartons, les papiers. Mais avant de donner des exemples sur les trois sortes de détrempe, il convient d'exposer les préceptes particuliers à ce genre de travail.

Préceptes généraux appliqués à la Peinture en détrempe.

On fait souvent usage d'une détrempe dans le dessein de la recouvrir d'une peinture sur un sujet quelconque. Il faut alors 1°. que le fond qui doit servir de pied à la détrempe n'ait ni graisse, ni chaux ; 2°. qu'il soit recouvert d'un apprêt, d'une impression qui en rende la surface très-unie. Cet apprêt se fait ordinairement en blanc, parce qu'il fait mieux ressortir les couleurs, qui empruntent toujours un peu du fond ; c'est ce qu'on appelle en terme d'art, *pousser* : 3°. que la consistance de la couleur soit telle, qu'elle coule ou qu'elle file de la brosse lorsqu'on la sort du vase. Ce principe est opposé à celui établi en pareil cas pour la peinture au vernis et à l'huile. Si la peinture en détrempe ne file pas, elle est trop épaisse, et l'ouvrage risque de s'écailler. 4°. Que toutes les couches, à l'exception de la dernière, soient données chaudes, en évitant qu'elles soient bouillantes ; car trop chaudes elles font *bouillonner* l'ouvrage, détrempent les premières couches et gâtent le sujet ; et si c'est sur bois, on peut le faire éclater. D'ailleurs l'eau de colle exposée à une trop forte température, prend un caractère gras et perd de sa ténacité. C'est à ces quatre conditions que les peintres font consister les loix principales de ce dernier genre de peinture.

J'en ajouterai une cinquième, celle d'établir une égalité parfaite entre l'épaisseur des couches successives, si on est appellé à les multiplier. Cette égalité repose sur le degré de force de la colle et sur la quantité de la matière appliquée : si les couches varient à cet égard, la peinture se lève par écailles.

Si le fond sur lequel on applique la détrempe contient de la graisse ou de la chaux, on enlève cet obstacle en raclant, si c'est sur une muraille ; ou par une solution de carbonate de potasse (alkali de potasse), si c'est sur bois : les toiles doivent être lessivées..

Si les murs qu'on destine à quelques sujets de peinture sont bien unis, on leur donne une couche de colle chaude pour les pénétrer, et pour disposer la surface de la pierre ou du plâtre à faire corps avec l'impression qu'on lui destine. Mais s'ils sont raboteux, on leur donne une couche de blanc d'Espagne ou de craie

détrempée à l'eau de colle, pour rendre la surface plus unie. Cette première impression étant
sèche, on racle le plus proprement et le plus
également qu'il est possible : on sent que cette
disposition ne peut regarder que de petites
inégalités; car si elles étoient considérables,
et qu'il s'y trouvât même des trous, il conviendroit d'égaliser en gyps, et de donner assez
de temps à celui ci, pour qu'il puisse pousser la fleur et prendre corps, ce qui n'arrive
que lorsqu'il est sec à fond.

Le perfectionnement qu'a reçu la détrempe
commune, dont l'origine remonte à l'emploi du
Badigeon, comme nous l'avons exposé au commencement de ce chapitre; ce perfectionnement,
dis-je, ayant fort étendu son utilité, et ayant
diversifié les cas de son application, il en résultoit une nécessité d'établir dans ce genre de travail
des distinctions rélatives. Ces distinctions paroissent justifiées, non-seulement par les modifications indispensablement admises dans les procédés que les circonstances font varier, mais
même par les précautions, par l'adresse; enfin
par l'expérience que ce genre de peinture exige
de la part de l'artiste qui devient le seul arbitre
du succès de son application.

On distingue donc trois sortes de détrempe :
1°. la détrempe commune; 2°. la détrempe vernie
et qui porte, en terme de l'art, le nom de Chi-

polin ; 3°. le blanc de roi. Il convient de faire l'application de ces trois sortes de détrempe.

Première sorte de détrempe.

Premier Exemple.

S'il n'est question que d'appliquer une détrempe simple sur un mur, ou sur une cloison revêtue de plâtre, on jette dans de l'eau du blanc d'Espagne ou du blanc de Troyes ; on l'écrase et on le délaye facilement, lorsqu'on lui a laissé le temps de s'en abreuver : l'eau doit en être chargée à saturation. On ajoute un peu de noir de charbon délayé séparément dans un peu d'eau, pour ôter le trop blanc et l'empêcher de jaunir. On mêle l'eau saturée de blanc avec moitié eau de forte colle et très-chaude, sans être bouillante, et on l'applique à la brosse. On répète les couches jusqu'à ce qu'on s'apperçoive que la teinte est uniforme.

Cet ouvrage est simple et absolument mécanique ; cependant, ce n'est pas un petit objet pour l'artiste que celui de donner le même ton à toutes les parties de l'ouvrage, lorsque les surfaces qu'il doit couvrir ont assez d'étendue pour qu'il faille recourir à de nouveaux mélanges. Un des grands inconvéniens attachés à ce genre de peinture, c'est de n'en voir l'effet que lorsqu'elle est sèche : aussi ne doit-on pas négliger de faire des essais, à chaque mélange, sur des bois préparés et portant la couleur du fond, afin de saisir la véritable teinte.

Il arrive encore qu'en peignant en détrempe sur des surfaces qui ont déjà été peintes, la couleur refuse d'y prendre, et se comporte comme si l'on présentoit de l'eau à de l'huile.

Cet effet reconnoît deux causes. La première est expliquée par la sécheresse de la couche précédente, effet dû à la craie. Il a rarement lieu avec le blanc d'Espagne; et jamais avec l'oxide céruse et blanc de plomb. La différence, dans le degré de force de l'eau de colle employée pour les deux couches, devient une seconde cause de cet accident.

Si l'encollage de la première couche est plus fort que celui de la seconde, il n'est qu'un moyen d'obvier à l'inconvénient qui se présente; et on le trouve dans l'addition d'un peu de fiel de bœuf dans la nouvelle couche. J'ai opéré le même effet avec un peu de liqueur alkaline de potasse; car la colle trop forte, trop abondante, ou qu'on a fait trop chauffer, prend un caractère onctueux que la craie ne peut pas modifier. Le blanc d'Espagne, de Bougival ou de Morat assurent le succès, à raison de leur nature argilleuse.

La détrempe demande un autre apprêt, si elle doit servir de base à quelques sujets de peinture à fresque ou à l'huile. Elle doit être faite avec une substance plus solide, et qui présente un meilleur pied aux couleurs qu'elle doit recevoir. La céruse alors remplit mieux cette vue que le blanc d'Espagne , qui est cependant supérieur au blanc de Troyes : par cette application , on n'est plus gêné pour le genre de peinture; il peut être à la gomme , à la détrempe fine, ou à l'huile ; c'est un avantage qu'on ne peut pas espérer d'une substance terreuse.

Avec cette attention sur le choix de la matière qui doit servir de fond , les peintures dont on décore bien des appartemens, produisent toujours leur effet, à quelque jour qu'on les expose : plus le jour est développé, plus elles paroissent vives et belles. Elles partagent, avec les couleurs en pastel, la propriété de n'être point sujettes aux reflets de lumière qui ne permettent de découvrir la beauté d'un tableau , que sous un certain point de vue, et sous une direction déterminée du rayon lumineux.

Le sujet qui vient d'être présenté , tient le premier rang dans la détrempe commune : il y a beaucoup d'autres cas, on connoît d'autres applications qui ne demandent pas la même précision et qui nous dispensent d'aussi grands détails. Il vient de paroître , dans un Journal intitulé *Décade Philosophique , Littéraire et Politique*, an 9, N°. 29 , un nouveau procédé décrit par Ant. Alexis Cadet-de-Vaux , que cet Auteur substitue à celui de la peinture en détrempe. Quoique nous ne l'ayons pas essayé, la confiance particulière

culière que nous avons dans l'exactitude d'un homme si avantageusement connu par ses lumières et par son zèle pour tous les objets d'utilité publique , nous fait un devoir de consigner dans cet ouvrage toute la formule de cette composition.

Quant aux détrempes qu'on a coutume d'employer à quelques objets particuliers dans l'intérieur des habitations, nous nous contenterons d'extraire de l'ouvrage de Watin les exemples qui pourront trouver une application heureuse à nos usages et à notre manière de construire.

Second Exemple de la première sorte de Détrempe.

Peinture au lait.

Prenez lait écrémé une pinte (la pinte dont il
    est ici question, fait deux pintes de Paris,
    soit 4 livres).
    Chaux récemment éteinte, 6 onces.
    Huile d'œillet, ou de lin, ou de noix,
    4 onces.
    Blanc d'Espagne, trois livres.

On met la chaux dans un vase de grès, ou dans une seille propre ; on verse dessus une portion suffisante de lait pour en faire une bouilie claire ; on ajoute peu-à-peu l'huile, en remuant avec une spatule de bois ; on verse le surplus du lait et on délaye le blanc d'Espagne.

Le lait qu'on écrême en été se trouve souvent caillé, ce qui devient indifférent pour l'objet. Le contact avec la chaux lui rend promptement la fluidité : mais il ne faut pas qu'il soit aigre, parce qu'il formeroit avec la chaux un sel terreux susceptible d'attirer l'humidité de l'air.

On éteint la chaux, en la plongeant dans de l'eau, dont on la retire pour la laisser s'effleurir à l'air.

Le choix de l'une des trois huiles indiquées est indifférent ; cependant on doit donner la préférence à celle d'œillet pour la couleur blanche. Le mélange de l'huile avec le lait forme une espèce de savon calcaire ; et sous cet état, l'huile est susceptible d'union avec la totalité des ingrédiens détrempés.

On émie le blanc d'Espagne, et on le répand avec précaution sur la surface du liquide. Il s'imbibe peu-à-peu et finit par plonger. Ce procédé est applicable à toute détrempe faite avec la craie, ou avec des terres argilleuses blanches ; alors on remue avec un bâton. On peut colorer cette peinture, comme toutes les autres peintures en détrempe, avec divers corps colorans, et on l'emploie comme la peinture ordinaire. Cette quantité suffit pour une surface de six toises quarrées, en première couche, (la toise de 6 pieds).

L'auteur expose dans son mémoire les avantages de cette peinture ; ils sont tels, qu'il ne

peut rester aucune incertitude sur le choix, lorsqu'on les compare avec les résultats de la peinture en détrempe à la colle. La première est
plus solide, et elle ne se détache pas en écailles
comme la seconde. Le gluten qui la compose
n'est pas susceptible de décomposition comme
la colle ou gélatine animale qui donne le corps
à la détrempe ordinaire. Cette dernière se décompose assez vite et passe à l'acide, à la faveur
de l'humidité qu'elle attire et qu'elle conserve :
alors le corps colorant n'étant plus retenu par
aucun gluten, ne présente plus qu'une poussière
qui se détache par le moindre frottement.

D'ailleurs sa préparation est moins couteuse
dans les pays sur-tout où le lait est abondant.
Elle est aussi moins embarrassante, particulièrement en été, où les meilleures colles de rognures de peaux passent si facilement à l'aigre et
perdent leur force, indépendamment de l'odeur
désagréable qu'elles répandent dans cet état de
décomposition, et de l'humidité qu'elles entretiennent sur les murs.

Cette peinture en détrempe séche en une heure,
et l'huile qui en fait partie perd son odeur en
passant à l'état de savon par sa combinaison avec
la chaux.

Une seule couche suffit pour les endroits qui
sont déjà recouverts d'une couleur, si celle-ci
ne repousse pas par quelques taches. Deux cou-

ches sur le bois neuf, une couche sur les murs d'un escalier, d'un corridor et sur plafonds.

L'auteur n'a pas borné cette composition à la détrempe simple ; il l'applique également à la peinture à l'huile, qu'il nomme *peinture au lait résineuse*, dont il fait usage pour les dehors. Comme cet objet ne présente ni une détrempe simple, ni une peinture à l'huile, dans le sens étroit qu'on donne à ces deux genres de peintures, j'ai cru qu'il y auroit eu du désavantage à les séparer.

Painture au lait résineuse.

Procédé.

Pour peindre les dehors, on ajoute aux proportions de la peinture au lait en détrempe :

Chaux éteinte	De chaque
Huile	deux onces.
Poix blanche de Bourgogne	

On fait fondre, à une douce chaleur, la poix dans l'huile qu'on doit ajouter à la bouillie claire de lait et de chaux. Dans le temps froid, on fait tiédir cette bouillie, pour ne pas occasionner le brusque refroidissement de la poix et pour en faciliter la division dans le lait de chaux.

Il me paroît que c'est au temps seul à décider si ce genre de peinture se conserve autant que la peinture à l'huile ; car la retraite que certaines couches de peinture éprouvent sur le bois dépend beaucoup de la nature du bois. A Genève,

les bois de sapin qui servent à la construction
des ouvrages exposés à l'influence de l'air extérieur ne sont pas également propres à la peinture à l'huile. Ceux de Savoye sont poreux,
travaillent considérablement à l'air, et sont plus
sujets à la vermoulure que d'autres. La couche
de peinture ne souffre pas ces alternatives, et
elle se détache en feuillets écailleux. Les bois
de Bourgogne sont plus compacts, plus résineux. Cette résine, en donnant le pied à la peinture, contribue à sa solidité et à sa conservation. Elle y est toujours lisse et solide, et elle
n'a pas l'inconvénient de céder à l'influence de
la sécheresse ou de l'humidité, qui se fait toujours moins appercevoir sur ces sortes de bois
que sur ceux qui sont très-poreux. Ce dernier
genre de peinture peut suppléer à l'emploi du
badigeon, que nous citerons comme quatrième
exemple de peinture en détrempe.

Troisième Exemple de la première sorte de Détrempe.

Détrempe pour les foyers, potagers, cuisines, etc.; méthode Genevoise.

La propreté Genevoise s'accommode très-bien
de l'emploi d'un genre de pierre qu'on connoît
sous le nom de molasse (m), et qu'on fait ser-

(m) C'est un genre de grès à gluten calcaire.

vir à la construction des potagers, foyers, âtres
de cheminée et chenets à l'allemande. On tire
cette espèce particulière de Saura, village situé
en Savoye, à très-peu de distance de Genève:
elle a une teinte grise tirant sur le bleu, très-
agréable à la vue. Cette teinte rivalise avec celle
qu'on donne au blanchiment ordinaire à la chaux,
ou à la craie, ou au gyps, dont on corrige le
fade du blanc par une pointe de bleu extrait
de l'indigo, ou par le noir du charbon.

On a découvert à Yvoire, autre village de
Savoye, situé sur la rive gauche du lac, de
très beaux bancs d'une argile assez pure, dont
la teinte est exactement semblable à celle de la
molasse de Saura, et dont les filles de service
se servent, par principe de propreté, pour faire
disparoître, ou pour voiler les taches de graisse
ou de charbon qui salissent les entours des che-
minées de cuisines et la tablette des potagers.
Pour cet effet, elles ont en réserve de cette
argille détrempée d'un peu d'eau, et elles l'appliquent avec le pinceau ou brosse destinée à
cet usage, après avoir préalablement frotté les
taches avec un fragment de la même pierre.
C'est une détrempe simple sans encollage.

Depuis peu de temps, quelques ouvriers blanchisseurs ont eu l'excellente idée de faire servir cette argiile à leur détrempe, pour les pièces exposées à un travail salissant, comme cuisines, ateliers etc. : ils la traitent à l'eau de

colle, comme dans le premier exemple. Le ton toujours uniforme de sa teinte présente un avantage qu'on ne trouve pas dans l'emploi de mélanges factices, avec lesquels on ne peut connoître le vrai ton que lorsque la couche est séche. On agit donc dans ce cas-ci, avec plus de sûreté, et on échappe aux tâtonnemens qui sont inévitables avant d'arriver à l'uniformité de la teinte, quand il faut recommencer les mélanges pour achever l'entreprise. D'ailleurs, les domestiques trouvent dans l'emploi journalier de cette argille détrempée, un moyen réparateur à l'égard des taches ou d'autres accidens, qui peuvent altérer l'uniformité d'une couche de cette détrempe.

L'argille d'un gris-clair est assez commune. Elle est même assez riche en variété de nuances pour ne rien laisser à desirer à cet égard aux mères de famille qui auroient le bon esprit d'adopter cette partie de la propreté Suisse. L'avantage qu'elles en retireroient ne se borneroit pas aux simples agrémens de la vue. Le premier pas de fait vers une amélioration dans la manière d'être, conduit bientôt à une autre tentative vers d'autres objets; et c'est ainsi que, sans dessein direct, et même sans s'en appercevoir, on écarte de son habitation tout ce qui peut en altérer la salubrité. Les effets salutaires qui résultent des soins soutenus sur tout ce qui peut entretenir la propreté sont trop sensibles pour n'être pas apperçus et justement appréciés. Il est rare, en effet, que les maladies qui deviennent épidémiques dans certains cantons de notre voisinage, et qui y exercent souvent de très - grands ravages, se développent chez nous avec les mêmes caractères de malignité. La propreté, disons même la propreté minutieuse sur les choses et sur les personnes est, avec la sobriété, la meilleure sauvegarde de la santé. Cette observation n'est pas étrangère à un sujet qui traite de la meilleure tenue, ou de l'élégante simplicité de l'intérieur des habitations.

Quatrième Exemple de la première sorte de Détrempe.

Détrempe pour les Parquets.

L'usage des parquets proprement dits, de ces assemblages où le chêne et le noyer se prêtent si bien à l'habileté du menuisier, est peu répandu dans notre contrée, et ceux qui existent n'admettent que le cirage. On donne bien le nom de parquet à des planchers de sapin coupés de frises de noyer ou disposés en compartimens dont le noyer fait le cadre ; mais ces sortes de planchers n'empruntent d'autre lustre que celui de la cire et d'une propreté soutenue. On a exécuté quelques planchers en plâtre, sur lesquels la couleur jaune citron qu'on destine aux parquets exécutés en chêne, fait un très - bel effet.

Pour obtenir cette couleur, on fait bouillir dans seize livres (7,826,33 kilogrammes) d'eau, demi livre (244,57 grammes) de graine d'Avignon, autant de terre mérite et de safran bâtard ou *safranum*. On ajoute au mélange quatre onces (122,28 grammes) de sulfate d'alumine (alun) ou de carbonate de potasse ; celui-ci est préférable. On passe le tout par un tamis de soie, et on ajoute à la liqueur passée, quatre livres (1,956,58 kilogrammes) d'eau chargée d'une livre (489,14 grammes) de colle de Flandre.

On étend avec le balai, deux couches de cette couleur, et lorsqu'elle est séche, on passe la cire et on polit avec le frottoir.

Dans cette préparation, on ne cherche dans le *safranum* que la partie colorante soluble à l'eau, celle qui est soluble dans l'alcali passe en partie dans le bain, si on se sert du carbonate de potasse (potasse). Mais comme cette dernière demanderoit pour paroître, l'addition d'un acide, son effet dans ce cas-ci est peu apperçu ; cependant elle contribue à la solidité de la teinte.

Cinquième Exemple de la première sorte de Détrempe.

Rouge pour les corridors et salles basses carrelées.

On passe la brosse ordinaire sur les carreaux avec de l'eau qui sort d'une lessive ordinaire, ou avec de l'eau de savon, ou enfin avec une eau chargée d'un vingtième de carbonate de potasse (alkali de potasse) Ce lavage nettoye à fond, emporte toutes les taches de graisse, et dispose toutes les parties du carrelage à bien recevoir la détrempe. On laisse sécher.

D'un autre côté, on fait fondre dans huit livres (3,913,16 kilogrammes d'eau, demi livre (244,57 grammes) de colle de Flandre. On mélange à cette solution, lorsqu'elle est encore bouillante, deux livres (978,29 grammes) d'ochre rouge, qu'on détrempe exactement. On applique une couche de cette détrempe sur les carreaux et on laisse sécher. On donne une seconde couche avec du rouge de Prusse détrempé avec l'huile de lin siccative ; enfin, une troisième couche avec le même rouge détrempé à la colle. Lorsque l'ouvrage est sec, on frotte avec de la cire.

Telle est la méthode assez généralement employée ; et cette alternative de couches a ses réserves particulières. La première donne le pied à la seconde en pénétrant dans les carreaux; et la dernière reçoit de la seconde beaucoup de solidité, et obvie à la lenteur de la dessication de la couche à l'huile, qui s'attacheroit aux pieds ou qui s'écorcheroit sous le frottoir, si elle n'étoit pas entièrement sèche. On pourroit se passer de la troisième couche, en mêlant de la litharge en poudre à la couleur, qui en deviendroit plus siccative.

J'ai beaucoup abrégé l'opération, en rougissant les carreaux neufs d'un apprêt composé des parties séreuse et colorante du sang de bœuf, qu'on sépare, à la tuerie même, de la partie fibreuse. Cet apprêt est de la première force. Si ensuite on passe une seule couche au bol rouge, détrempée à l'huile de lin siccative, peu de temps après on peut cirer et frotter. Cette application est de toute solidité et coûte moins que la première. Un séjour habituel de trente années dans une salle ainsi préparée n'avoit porté aucune atteinte à la couleur.

J'ai aussi donné un très-beau rouge avec le bain de garance aluminé. Une livre de garance en poudre grossière (489,14 grammes), quatre onces (122,28 gram.) d'alun, et douze livres (5,869,75 kilogrammes) d'eau suffisent pour cet apprêt. On en applique deux couches sur les carreaux neufs, et on passe ensuite à la cire et au frottoir.

Cette application fait le plus bel effet, mais il n'est pas aussi durable que le précédent.

Sixième Exemple de la première sorte de Détrempe.

Détrempe en Badigeon.

Le badigeon est employé pour donner une teinte uniforme aux maisons que le temps a rembrunies, et aux églises qu'on cherche à rendre plus claires. En général, le badigeon a une teinte jaune. Celui qui réussit le mieux se fait avec de la sciure ou de la poudre du même genre de pierre, et de la chaux éteinte, qu'on détrempe dans un sceau d'eau qui tient en solution une livre de sulfate d'alumine (alun). On l'applique à la brosse.

Dans les environs de Paris, à Paris même, et dans d'autres parties de la France, où les grands édifices sont construits avec une pierre tendre (le cron, ou falun), jaunâtre, quelquefois blanche lorsqu'elle sort de la carrière, mais que le temps rembrunit beaucoup, on supplée à l'usage de la sciure de cette pierre par un peu d'ochre de Rue qui rend à l'édifice sa première teinte. Mais à Genève, à Lausanne, et dans les villes voisines où les constructions se font en molasse, (espèce de grès tendre) la teinte donnée par l'ochre de Rue seroit différente de ce qu'on veut imiter. Nous devons un procédé aussi simple qu'il est sûr, à un de nos concitoyens, feu Lagrange, pour rajeunir nos anciens édifices, et pour les rappeller à leur première teinte ; il est adapté à la nature de la pierre. Il s'agit de frotter les surfaces de l'édifice qu'on veut remettre à neuf, avec des morceaux de la même molasse, en choisissant les plus durs : ce frottement rend à la pierre sa première couleur. Ce procédé appliqué aux réparations du temple de St. Pierre, notre Cathédrale, atteste, depuis 40 ans, qu'on ne pouvoit pas en trouver un meilleur.

Seconde sorte de Détrempe.

Détrempe vernie. Chipolin.

La peinture en détrempe qu'on recouvre d'un vernis, et à laquelle on donne le nom de *Chipolin*, (n) présente, ainsi que le blanc de roi

---

(n) L'origine du mot Chipolin est fort incertaine. On est partagé entre deux opinions qui paroissent avoir le même degré de probabilité. Les uns la croient fondée sur la ressemblance qu'on observe entre ce genre de peinture bien exécuté et le marbre Cipolin ou Chipolin, à l'égard du brillant du nacre ou de *talcite* que ce marbre prend et conserve sous le parfait poli. Peut-être le premier Cipolin, qui n'a été qu'une imitation, admettoit-il de ces veines verdâtres qui ornent et enrichissent le marbre cipolin. D'autres croient que cette dénomination est due à l'emploi que les premiers peintres d'impression en ce genre faisoient du suc d'oignons, pour la couche d'apprêt. Si j'avois à prononcer sur cet objet, je donnerois du poids à la première opinion.

qui fournira l'exemple de la troisième sorte de détrempe, tout ce qu'on peut établir de plus élégant dans ce genre. Le travail que ces deux préparations exigent, en rend l'exécution assez coûteuse. C'est au Chipolin qu'on est redevable de ces brillantes décorations en vernis, des candelabres, des sculptures recherchées dont le blanc argentin, relevé d'or mat, développe de si grands effets sous la lumière réfléchie : mais cet ordre de peinture, vraiment noble est réservé, à raison du grand travail qu'il exige, au meubles de prix, ainsi qu'à la décoration des pièces intérieures des palais.

L'œil se repose avec plaisir sur un chipolin savamment exécuté. La vanité de l'homme doit sourire à la vue de ces superbes appartemens dont l'éclat de la peinture, relevé par le mat de l'or qui se lie si bien à ce genre, atteste en même temps la puissance du maître et celle des arts qui soumettent le Souverain lui-même au tribut qu'ils imposent sur le goût, sur l'amour du beau.

Outre l'éclat que cette sorte de peinture acquiert sous l'influence de la lumière, on lui reconnoît encore la propriété d'entretenir la fraîcheur dans les appartemens : cet effet, qui seroit infailliblement produit par le marbre, doit avoir lieu avec le Chipolin. Composé de parties très-fines que l'état de solution met en contact parfait, et dont la force de cohésion est singulièrement accrue par le *gluten* qui leur donne une très-grande consistance , sa contexture ne peut guères s'écarter de celle du marbre. J'ai vu des chipolins employés à la décoration des autels , plus durs que le marbre à grains cristallisés. Ceux-ci se rayoient plus aisément.

Quoique nous ne soyons point appellés à mettre cette sorte de peinture en exécution, nous devons néanmoins nous attacher à en donner une idée suffisante , en exposant succintement le procédé décrit dans l'ouvrage de Watin. Nous suppléerons au mystère dont il couvre la composition du vernis dont il auroit fait usage, dans le cas d'une entreprise en chipolin : tel est donc l'ordre admis dans la distribution du travail sur le chipolin blanc argentin. Pour de plus amples détails, il convient de recourir à l'ouvrage cité.

1°. Laver les boiseries avec une décoction chaude d'absynthe , à laquelle on ajoute quelques têtes d'ail. On mêle cette décoction avec une eau de colle de parchemin qui fasse gelée lorsqu'elle est froide : ce procédé ouvre les pores du bois, et les dispose à offrir le pied aux couches suivantes.

2°. Une couche à la colle chaude avec le blanc de Bougival ou d'Espagne qui donneroit à l'ouvrage plus de solidité. Le blanc de Morat supplée à celui d'Espagne.

3°. Huit à dix couches du même blanc bien détrempé et très-fin , en observant le même degré de force et la même épaisseur dans chaque couche ; et ayant la précaution de ne pas engorger les moulures et de donner la dernière couche avec une colle un peu plus claire que pour les précédentes.

4°. Adoucir la surface avec la pierre ponce, à laquelle on donne les formes convenables pour l'introduire dans les petites cavités formées par les moulures et sculptures. Se servir de bâtons amincis et de différentes formes, pour polir les moulures et les surfaces planes : on abrège le polissage lorsqu'on promène, à fur et mesure, une brosse douce trempée d'eau.

5°. Nettoyer les enfoncemens des moulures et sculptures avec de petites broches de fer disposées à cet usage.

6°. Appliquer ensuite deux couches de la couleur faite avec l'oxide blanc de plomb mêlé d'une pointe de prussiate et de noir, et détrempée avec de l'eau de colle de parchemin, qu'on a passé au tamis pour séparer les portions de colle encore grainelées : on passe ces deux couches, en adoucissant avec le pinceau.

7°. Donner deux autres couches de colle claire, battue à froid et passée au tamis ; pour séparer les portions de gélée non délayées. Elles s'appliquent à froid, en adoucissant sur l'ouvrage, avec la précaution de ne pas repasser plusieurs fois sur le même endroit.

8°. Appliquer avec les mêmes précautions deux

à

à trois couches de vernis N°. 2 , du premier
genre, ou le N°. 14 du troisième; et tenir l'endroit chaud pour faciliter l'évaporation et la
dessication avant que la poussière puisse s'y
appliquer. : l'ouvrage est alors achevé. Tel est
le précis de cette préparation qui demande dix-
huit à dix-neuf couches et beaucoup de petits
soins dépendans d'une exécution recherchée. Il
est inutile de rappeller le principe *qu'il ne fvut
appliquer une nouvelle couche que lorsque la
précédente est complettement sèche.* Lorsque le
Chipolin est destiné à des morceaux de sculpture, on a coutume d'en relever l'éclat par celui
de l'or, qu'on applique et qu'on laisse mat sur
toutes les parties saillantes de l'ouvrage. Cette
addition ajoute singulièrement à la richesse et
à la magnificence de ce genre de décoration.

Le même auteur, qui donne un détail plus
circonstancié de ce travail, indique une méthode
qui étoit connue des peintres vernisseurs avant
la publication de son ouvrage , et qu'ils emploient,
en admettant d'ailleurs des modificetions qui dé-
pendoient des circonstances locales , du prix et
du temps qu'on vouloit sacrifier. Cette méthode
est un grand abrégé de la première, puisqu'elle
met sur la voie d'imiter le Chipolin par un travail de vingt-quatre heures : c'est ce travail qui
servira de second exemple.

Second Exemple de la seconde sorte de Détrempe.

Imitation du Chipolin.

Watin prescrit deux couches d'encollage faites avec le blanc d'Espagne, détrempées avec une forte colle au parchemin, chaude et même bouillante. (o)

On accélère la dessication, en entretenant du feu dans la pièce qu'on vernit, si la saison n'est pas favorable.

Lorsque la seconde couche est sèche, on ponce pour égaliser, unir les surfaces; et on applique trois couches de couleur. Si on cherche le gris blanc azuré, on mélange exactement, sur le porphyre, une once de céruse, un gros

---

(o) Cet encollage si chaud renfle le bois, et entrave la promptitude de la dessication. Il est vrai que les boiseries de Paris et de ses environs s'établissent en chêne, et que ce bois éprouve moins de gonflement que nos bois de sapin. A Genève, je donnerois les deux premières couches dans le cas présent, avec l'oxide céruse, de première qualité; la teinte en est solide et fait tout autant ressortir les couches colorées. Elles seroient appliquées à l'essence. Sur ces deux couches, on en metroit deux autres avec couleur détrempée à la colle assez forte, tenue liquide, et on poliroit après la première couche colorée; on recouvriroit avec deux couches de vernis de première classe, ou le vernis N°. 14, de troisième classe; ou enfin on détremperoit la couleur dans le vernis même.

de noir de charbon, et autant de prussiate de fer (bleu de Prusse) qu'on broye à sec. On prend une portion de ce mélange qu'on promène sur le porphyre avec la céruse qui doit composer la couleur, en ne mettant celle ci que par portions, pour que le mélange soit plus exact. Cette première division étant opérée, on passe le tout par un tamis de soie pour achever, pour completter le mélange.

On prend alors quatre onces de ce mélange (122,28 grammes) qu'on détrempe avec la brosse dans une livre de vernis (489,14 grammes). J'indique le vernis N°. 1, premier genre). Il convient de ne pas détremper plus de matière, parce que le vernis s'évapore. On l'étend le plus uniformement qu'il est possible. Lorsque la couche est séche, on frotte avec une toile neuve et forte pour polir. Ce frottement, qu'on doit ménager dans le commencement, achève de sécher le vernis et le glace.

Pour la seconde couche, on ne prend que la moitié de la poudre, qu'on détrempe dans la même quantité de vernis que pour la première : et pour la troisième seulement une demi once de poudre. Enfin, si l'on veut lustrer l'ouvrage, une quatrième couche qui ne seroit pas plus chargée de couleur que la troisième. On frotte avec un linge, pour donner à la surface cet éclat qui résulte toujours de la parfaite uniformité dans l'extension du vernis.

T 2

Cette méthode est du reste, pour le cas d'une détrempe, celle que j'ai toujours employée et que je conseille pour tous les genres de couleurs qu'on veut appliquer sur les boiseries de bois blanc, qui travaillent trop sous toute espèce d'encollage et qui rendent l'apprêt écailleux.

Troisième sorte de Détrempe.

Blanc de Roi.

Cette détrempe emprunte son nom de l'usage qu'on en fait pour la décoration intérieure des palais. Le blanc de roi est d'un usage assez étendu et d'une exécution facile, quand on ne veut pas le recouvrir d'un vernis; mais il est très-beau dans sa fraîcheur. Il a le défaut de s'altérer, de se gâter aisément dans les appartemens habités, et notamment dans les pièces où l'on couche, parce que, n'étant pas défendu par le vernis, les exhalaisons et autres vapeurs qui émanent des corps animés, réagissent sur l'oxide blanc de plomb, commencent par le jaunir et enfin le noircissent. On l'employe surtout pour les salons dont on a rechampi (p) les

_____

(p) *Rechampir* est un terme technique qui signifie trancher d'une couleur sur une autre. Il ne faut pas confondre ce terme avec celui de *rehausser d'or*, qui exprime une peinture en couleur d'or sur une toile, soit en huile, soit en détrempe, et qui représente des morceaux de sculpture, de bas reliefs, de ronde bosse par des hachures. Cette partie tient à l'art du peintre doreur, qui mérite d'être traité séparément.

moulures et les ornemens par l'or, dont le mat est richement relevé par l'éclat de la couleur. On n'a pas coutume de vernir les fonds blancs lorsqu'il y a de la dorure et de beaux ornemens.

Pour peindre en blanc de roi, il convient de donner le pied avec une couche de blanc d'Espagne ou de Morat, détrempé à la forte colle de parchemin et employée bouillante (eu égard cependant à la nature du bois, comme nous l'avons remarqué). Il demanderoit les mêmes opérations que le chipolin : mais les particuliers dispensent pour l'ordinaire, d'une recherche d'exécution qui retarderoit leur jouissance et qui ajouteroit à leurs dépenses. Nous renvoyons par ce motif, aux procédés qui ont été détaillés pour l'exécution du chipolin gris-blanc azuré, qui nous a fourni le second exemple de la seconde sorte de détrempe, page 290.

Pour le faire très-beau, on doit préférer l'oxide blanc de plomb à l'oxide céruse, et ôter le fade du blanc avec une pointe de prussiate de fer ou d'indigo dans les mêmes doses, ou à-peu-près, que pour le chipolin gris de perle. Le polissage à la toile fait un très-bel effet : mais le beau reflet de la lumière dépend autant de la manière dont le peintre étend ses dernières couches, que du polissage qui achève d'en égaliser les surfaces.

Dans notre heureuse contrée, où le luxe des

appartemens reconnoît des bornes que les particuliers ne dépassent jamais ; où le citoyen se trouve plus entraîné par le goût d'une grande propreté que par celui du faste et de l'éclat, on se borne à la composition simple du blanc de roi, en déguisant le fade de l'oxide céruse avec un peu de prussiate de fer et de noir. Les pièces supérieures des appartemens de campagne sont particulièrement réservées à cette sorte de peinture. Sa solidité l'emporte sur celle du blanc de Troyes. Mais l'inconvénient attaché à la nature des oxides blancs du plomb, qui souffrent des altérations sensibles dans leur couleur, au bout d'un certain nombre d'années, met dans l'alternative de renouveller plus souvent l'application du blanc dans les chambres à coucher, ou de le recouvrir d'un vernis. L'éclat que cette dernière addition procure, et le moyen facile qu'elle offre de se garantir des pernicieux effets de la poussière, sont des avantages réels bien propres à balancer le surplus des frais.

D'ailleurs, quoique cette préparation ne laisse appercevoir aucune difficulté insurmontable, même pour l'amateur, elle veut, dans l'artiste qui l'entreprend, la réunion du goût, de la bonne foi et de l'habitude. En effet, on ne prépare pas toujours le blanc de roi avec tous les soins qui le rendent recommandable. L'œil exercé est souvent choqué de voir disparoître la finesse des contours d'une boiserie bien exécutée, sous l'empâtement des couches inégales et trop épaisses, pour lesquelles même on substitue souvent le blanc de Troyes à l'oxide céruse. Comme ces substitutions sont fréquentes il est bon de s'en garantir. Le particulier qui a un double intérêt à défendre peut, par une expérience très-simple, passer à l'essai la bonne foi de l'artiste. On met sur un charbon une pincée de la matière blanche qui représente la céruse. Si c'est de la craie, elle devient brune dès qu'on souffle sur le charbon. Mais si c'est l'oxide céruse, il devient jaune, passe au rouge, et se réduit bientôt en plomb. Cette résurrection du plomb est plus prompte si on anime le feu avec un chalumeau.

Tel est le tableau des ressources que la société retire de la combinaison des couleurs et des compositions, dont la variété excitée par celle des goûts, développe, sous la main de l'artiste, des moyens puissans, qui ont le triple avantage d'ajouter de nouveaux rameaux à l'industrie nationale, de répondre aux besoins des particuliers, et de multiplier, à leur gré, les jouissances de la vie.

Je n'ose pas me flatter d'avoir rempli à la satisfaction de mes collègues, le but que je me proposois, en reprenant sous œuvre les observations qui sont consignées dans l'ouvrage de Watin, pour les adapter à un nouveau plan et à de nouvelles observations, et pour les lier à une théorie générale sur l'art du vernisseur.

T 4

Tout autre que moi, entraîné sans doute par les sensations qui naissent de nouvelles jouissances et qui se développent sous l'impression d'un pinceau artistement manié, eut pu rendre plus saillans les effets d'une brillante exécution dans l'art de la décoration, en mariant les graces et l'élégance du style aux observations de pratique. J'ai trouvé inutile de multiplier les tableaux sur des objets qui frappent diversement les vrais connoisseurs. On ne peut, en ce genre, que guider le goût; on ne le crée pas. Je me suis donc tracé une route plus simple, en ne consultant que le motif de ramener sans cesse l'artiste et l'amateur des principes aux faits qui leur servent de base, et qui peuvent encore les conduire à de nouvelles découvertes.

Ce plan n'admettoit rien d'étranger à l'art, rien qui put entraver l'artiste ni détourner l'amateur. Je devois présenter les formules dégagées de toute diffusion; les ranger sous des genres relatifs à la nature des parties composantes; donner l'apperçu des propriétés particulières de ces mêmes parties et employer à cet effet le seul langage qui put établir et consolider des relations ou des communications certaines entre les artistes et les savants dont les découvertes assurent les succès des arts. Je devois saisir toutes les parties de l'art dans lesquelles je découvrois des rapports avec nos usages, avec nos méthodes et avec les besoins des artistes de notre ville : je devois offrir aux amateurs des passe-temps agréables, en leur indiquant les moyens de diriger eux-mêmes des ouvrages dont ils confient l'exécution à des mains étrangères : je devois enfin, mettre sous les yeux d'une Société qui ne s'occupe que des moyens de faire fleurir les arts et d'en étendre les conquêtes, le tableau des ressources que cette partie peut offrir à nos Concitoyens. Tels sont les motifs qui ont dirigé mes pensées et ma plume.

Les parties colorantes, les mêmes que nous avons appliquées aux divers genres de peintures, enrichissent encore la société d'un nouvel art qui rivalise avec succès avec celui du vernisseur, pour la décoration des appartemens. C'est assez signaler la fabrication des papiers peints ou colorés par impression. C'est une sorte de détrempe qui reconnoît ses loix particulières. Genève a vu avec plaisir le nombre de ses fabriques s'accroître par plusieurs entreprises en ce genre. Les ouvrages qui en sont sortis paroissent ne laisser rien à desirer, relativement à la finesse du ton, à la solidité et à la beauté des couleurs, ainsi que pour la netteté, l'élégance et l'exécution du dessin. Devois-je me rendre aux premières impressions de ma timidité, et m'arrêter à la crainte des difficultés que je pouvois rencontrer dans les recherches particulières que j'avois dessein de suivre sur cet objet ? Tous les artistes, tous les manufacturiers habiles savent qu'il n'y a que le goût qui soit un secret pour bien du monde. Ils savent que la célébrité des fabriques dont le goût fait la base, tient à cela seul, et nullement à des compositions qui sont toutes ou presque toutes, dans les mains d'ouvriers routiniers ou manœuvres, incapables d'affaiblir par concurrence une réputation faite, et qu'on peut soutenir par d'habiles dessinateurs et graveurs.

Ce raisonnement m'avoit porté à consulter un de nos fabriquants, qui m'avoit paru communicatif. J'ai cru long-temps en des promesses qui se sont enfin évanouïes sous de spécieux prétextes que je respecte. La partie qui comprend les couleurs n'est pas embarrassante pour les artistes qui connoissent les résultats de leurs mélanges; elle l'est encore moins pour ceux qui sont au fait de la composition des laques : à cet égard, je ne pouvois pas esperer de rien ajouter aux connoissances générales acquises sur cette fabrication. Mais les productions de cet art sont devenues en quelque sorte de première nécessité, par une suite de ce goût dominant pour tout ce qui peut égayer notre habitation et varier, à peu de frais, les sujets de sa décoration.

Une fabrication soutenue fortifie l'expérience; celle-ci éclaire à son tour sur les procédés défectueux, sur les altérations que certains mélanges éprouvent à la longue, par les effets masqués d'une réaction qui a lieu entre les principes de certaines parties colorantes, et elle ouvre des routes sûres au perfectionnement de l'art. Cette marche toujours trop lente, conduit néanmoins à une théorie, et celle-ci, pour être utile, demande à être exposée avec méthode.

Tel étoit donc le motif de l'entreprise à laquelle je devois associer l'artiste éclairé qui avoit consenti à me mettre sur la voye d'entreprendre la description exacte d'un art qui mérite d'être connu dans ses divers détails, sur lequel on n'a rien écrit, et qui peut figurer d'une manière distinguée, dans le tableau des richesses de l'industrie nationale. Renvoyer l'exécution de ce projet à un autre temps, ce n'est pas l'abandonner : c'est ce qui me console. Pour le moment, il me reste à mettre sous les yeux de l'artiste et de l'amateur, l'exposition des objets principaux qui doivent faire partie de l'atelier du vernisseur. C'est ce qui fait le sujet du chapitre suivant.

CHAPITRE SIXIEME.

Des instrumens nécessaires à l'Art du Vernisseur.
Observations sur l'emploi de quelques-uns

UNE opinion assez générale, et à laquelle on céde sans examen, c'est que l'art du peintre demande plus d'exercice ou d'expérience que de fonds. Une palette destinée à la distribution des couleurs; un chevalet pour soutenir des tableaux de différentes hauteurs; une baguette pour servir d'appui à la main qui conduit le pinceau; un manequin pour rendre les draperies et les diverses attitudes; des pinceaux, un pincelier pour les tenir frais; tel est, dit-on, l'attirail physique du peintre. C'est au moins celui du peintre ordinaire, très - ordinaire.

Une éducation soignée, un grand fonds de connoissances sur l'histoire ancienne et moderne, et sur la mythologie; beaucoup d'usage du monde: une certaine aisance de fortune, qui puisse assurer le bénéfice de l'indépendance dans les longues années d'étude, et faciliter les voyages devenus indispensables pour se familiariser avec les beaux modèles de l'antiquité ; pour monter son imagination et pour la tenir fixée sur le vrai beau, sur le genre sublime de la composition, et pour acquérir des connoissances exactes sur tous les genres d'exécution et sur l'homme : et plus que tout cela encore, le génie..... Voilà ce qui constitue le peintre, le grand peintre. Le génie unit le grand peintre au grand poëte, et les fait arriver au même but par des routes différentes. L'un frappe nos sens par la chaleur du coloris, par ses dispositions savantes, et par la correction du dessin ; l'autre s'empare de l'ame et la conduit par le charme, la finesse et l'élévation des pensées, et par l'harmonie des vers. Vénus n'est-elle pas aussi parée de ses graces sous le pinceau d'Apelles que sous celui d'Homère ?

Le petit nombre des grands peintres prouve qu'il faut un grand fonds pour arriver à la célébrité, terme où doivent tendre les artistes de tous les genres.

Le peintre d'impression, le peintre vernisseur ou décorateur, ne partage avec le premier que l'expression qui sert à le désigner. Ses fonctions sont différentes. Il se livre à un travail purement mécanique, qui n'exige qu'une certaine adresse, du goût et de l'expérience. Le premier compose beaucoup et consomme peu : celui-ci consomme beaucoup et ne compose pas, s'il ne joint pas le dessin à son art, qui ne consiste que dans de simples applications.

Dans les villes d'une certaine étendue, le peintre vernisseur est marchand autant qu'artiste. Il est rare qu'il ne soit pas assez pourvu en vernis et en couleurs de différents genres, pour fournir à toutes les entreprises qui se présentent, et aux demandes que les amateurs peuvent lui faire. L'état de peintre vernisseur, considéré sous ce dernier point de vue, exige donc des avances qui ne permettent pas qu'on le confonde avec les espèces de manœuvres qui bornent leurs talents à la simple application des couleurs, et qui achètent à mesure qu'ils consomment.

Le peintre vernisseur qui compose lui-même ses vernis, qui fabrique ses couleurs et qui les met en œuvre, demande pour son travail, un local qui réunisse deux conditions essentielles, l'étendue et la sécheresse.

La première condition exige que le local soit accompagné d'une cour ou d'un jardin, pour la composition de ses vernis, de manière à le mettre à l'abri ainsi que ses voisins, des dommages que la négligence, ou toute autre cause peuvent occasionner. La seconde condition est relative aux soins qu'exige le dépôt des parties colorantes préparées et que l'humidité peut altérer.

En effet, quel que puisse être l'état de sécheresse des matières au moment même de leur préparation, il en est quelques-unes, sur-tout les substances de nature terreuse et les oxides métalliques, qui pompent l'humidité de l'air et qui en sont même très-avides. Cette humidité n'est pas contraire aux couleurs métalliques lorsqu'on les destine à la détrempe; mais elle devient préjudiciable lorsque c'est à l'huile ou au vernis. Elle s'oppose à l'éclat de la couleur, et cet effet est bien plus sensible au vernis qu'à l'huile.

L'humidité interrompt le contact parfait entre la partie colorante et l'excipient. C'est elle qui forme, avec le concours de l'air disséminé entre les molécules de la partie colorante, cette innombrable quantité de bulles d'air qui recouvrent la surface d'une couleur humide lorsqu'on la détrempe à l'huile. Si cette détrempe se fait au vernis, cette humidité précipite une partie de la résine, base du vernis : alors la couleur se granule, roule sous le pinceau et brise les contacts, de manière qu'elle en devient comme farineuse. Elle coupe ou change les reflets de la lumière et paroît terne et sans éclat.

Mais comme on ne peut pas toujours disposer à sa fantaisie du local d'un magasin tel qu'on le désire, on doit faire usage de précautions particulières pour préserver les compositions de l'humidité. On les conserve alors dans des boîtes de bois dur, de hêtre, de chêne ou de noyer.

en évitant le bois blanc, qui est un vrai filtre pour l'humidité. On rempliroit le même but en les renfermant dans des vases de terre cuite, vernissés, à large ouverture, si on habite une contrée où la rareté de ces bois peut mettre obstacle à l'emploi des boîtes. On bouche aisément ces vases de terre avec de grandes pièces de liège, qu'on garnit de parchemin.

Les substances liquides prescrivent l'emploi du verre ou du grés. On conserve les vernis dans de grandes bouteilles de verre fortes, à large orifice, pour la commodité du transvasage : mais comme la lumière agit avec assez de puissance, sur ces sortes de compositions et qu'elle les épaissit, je conseillerois de les envelopper d'une peau de mouton, ou de parchemin mouillé, en la plissant sous le col, et en l'y assujettissant par plusieurs tours de ficelle. Cette addition a le double avantage de parer à l'influence de la lumière et aux accidens qui résultent des chocs. On évite ces frais, et on est mieux servi lorsqu'on se trouve à portée des fabriques de poteries de grés vernissées, comme celles de Flandre, de la ci-devant Picardie, etc.

Les huiles siccatives sont moins délicates que les vernis à l'alcohol et à l'essence. L'usage des cruches ou cuines de grés, ou de grandes bouteilles de verre, ou enfin des jarres de plomb à large ouverture, réunissent toutes les commodités convenables pour les contenir. Les jarres

de

de plomb sur-tout, sont à l'abri des accidens qu'on a le plus à craindre. Si ce premier avantage ne suffisoit pas pour leur donner la préférence, elles en ont un autre parfaitement connu et d'accord avec la théorie, c'est celui d'ajouter à la qualité siccative du vernis. Ainsi, sous ce double rapport, les jarres de plomb sont très-recommandables.

Une table, une balance, des poids, quelques planches pour former des rayons ; voilà ce qui compose les instrumens, ustensiles et avances nécessaires à l'arrangement d'un magasin de peintre vernisseur.

Du laboratoire, et des instrumens nécessaires pour le travail.

Les frais d'établissement pour le laboratoire sont assez bornés, lorsqu'il est question de fournir à une consommation ordinaire. Cependant, lorsqu'on joint à la confection des vernis les diverses préparations de lacques colorantes, ils ont plus d'étendue. Les instrumens indispensables sont :

1°. Un alambic établi selon les principes exposés dans la première partie de cet ouvrage, (page 272) avec le réfrigérant et le fourneau amovible.

2°. Quelques bouteilles pour récipients, c'est-

à-dire d'une capacité assez grande ; divers enton-
noirs de verre et de fer-blanc.

3°. Deux ou trois bassines de cuivre de différentes grandeurs et selon l'étendue qu'on veut
donner à l'entreprise. Un chauderon pour la préparation de la colle.

4°. Des terrines de grès , pour entreposer les
vernis qu'on passe au linge et pour recevoir le
premier dépôt.

5°. Des planches amovibles et du même diamètre que les terrines, pour leur servir de couvercles. Elles sont plus commodes et moins fra-
giles que les terrines qu'on fait servir à cet
usage.

6°. De grands bocaux garnis de leurs enton-
noirs, et ceux-ci de leurs couvercles, pour filtrer les vernis des premier, second et troisième
genres. (Voyez la gravure).

7°. Une marmite de fonte, polie en dedans
et munie de son couvercle , pour le travail des
vernis du cinquième genre.

8°. Diverses spatules de bois , arrondies à leur
palme.

9°. Une pelle et des pincettes.

10°. Deux à trois fourneaux de diamètre différent, et sur-tout un petit fourneau à bain
de sable.

11°. Un petit tonneau à anse et cerclé de fer,
pour contenir le charbon.

12°. Une capsule de fer ou poëlon à manche court, pour puiser le charbon.

13°. Quelques matras de verre de diverses grandeurs, pour la confection extamporanée des vernis à l'alcohol, et qu'on exécute en plongeant le matras dans une bassine, dont on fait passer l'eau à différens degrés de chaleur jusqu'à celui de l'ébullition.

14°. Une table fixe, quelques tablettes et quelques boîtes d'entrepôt.

15°. Un flacon rempli d'esprit-de-vin, pour obvier aux suites des brûlures.

L'alcohol appliqué sur le moment même, empêche qu'il ne se lève des vessies, qui retardent le moment de la guérison. Si la brûlure est considérable, l'application de l'huile d'œufs récente, et sur-tout celle qui porte une belle couleur jaune, est le meilleur topique pour appaiser la douleur et pour hâter la guérison. Le cérat simple, composé d'une partie de cire jaune et de deux parties de bonne huile d'olives, ou de trois parties, si c'est en hiver, produit un effet qui peut être comparé à celui de l'huile d'œufs, et il est moins couteux.

16°. Un mortier de fer de douze à quinze pouces de diamètre, et son pilon de fer. Une coupe de laiton pour puiser les matières du fond du mortier. Une spatule de fer pour détacher les matières qui y adhèrent, souvent par les efforts de la contusion.

17°. Deux ou trois autres pilons de bois dur, à bulbe un peu large.

18°. Différens tamis de crin et de soie. Ceux-ci doivent être fermés.

19°. Quelques petits boulets de fer, pour la pulvérisation de certains corps qui peuvent s'empâter. Quelques substances telles que l'indigo, les oxides de fer argilleux, se pulvérisent aisément avec les boulets.

20°. Des auges de plâtre pour sécher les lacques.

21°. Un chassis de deux pieds de haut, et d'un diamètre de dix-huit à vingt pouces en quarré, pour recevoir la toile à filtrer, lorsqu'on veut séparer l'eau de la composition des laques. On transporte la toile chargée du sédiment sur les séchoirs de plâtre, ou sur des briques neuves, qui absorbent la plus grande quantité de l'eau contenue dans le sédiment. Il faut à chaque opération, exposer les séchoirs ou les briques au grand air, pour les sécher et les rendre propres à leur premier usage.

22°. Des baquets de bois, tines et tinettes de différentes grandeurs, pour les lavages et précipitations en grand.

23°. Un porphyre rendu stable sur une monture ou table assemblée, et garnie d'un tiroir contenant des molettes ou pierres à porphyriser, les spatules d'yvoire, de corne et d'acier.

Les pierres qu'on emploie pour la division

extrême des couleurs sont de différente nature.
Les uns recherchent le marbre le plus dur ; d'autres des pierres à bréches, de la roche, enfin
les plus dures qu'on puisse trouver dans le pays.
En Italie ils se servent de porphyre, sorte de
pierre très - dure, et qui y étoit devenue très-
commune sous la domination des Romains. Il
s'en trouve encore de belles plaques, qui ont
jusqu'à deux pieds quarrés de surface ; mais lorsqu'elles ont cette étendue, elles sont très - chè-
res. C'est du nom de cette pierre qu'on emprunte
le verbe porphyriser, qu'on applique à l'action
qui opère la division des substances.

24°. Un ou plusieurs couteaux flexibles, qu'on
appelle spatules de peintre ; des spatules d'yvoire
ou d'os, et quelques feuilles de corne.

25°. Quelques vases en fer blanc, pour contenir les couleurs broyées.

26°. Différens genres de brosses et de pinceaux.

On connoît plusieurs sortes de pinceaux. Les
uns sont composés de poils de blaireau. On leur
donne la forme de patte d'oye, et on les appelle
alors *blaireaux à vernir.* D'autres sont composés
de poils de chèvres, de soie de porc ou de
sanglier. On les attache à des bâtons plus ou
moins gros, selon l'usage auquel on les destine. Lorsque ces pinceaux sont gros, on les
appelle brosses ; et on les emploie aux fortes
parties d'ouvrage. Enfin, on fait des pinceaux

de petit-gris ou martre, de cheveux très-souples d'enfans, de duvet de cigne. Ces derniers sont enfermés dans des tuyaux de plume, et on s'en sert pour les peintures délicates.

L'emploi des brosses ou pinceaux n'est pas limité à une seule entreprise. Pour l'ordinaire on les use en les faisant servir à plusieurs sortes d'impressions. Chez les artistes occupés, chaque couleur a ses brosses ou pinceaux, qu'on essuye lorsque l'ouvrage est achevé, et qu'on garde sous l'eau. Les amateurs n'ont pas les mêmes motifs pour les conserver ou pour les appliquer à des couleurs particulières. Chez eux, un seul pinceau sert souvent à différens fonds de couleurs, en ayant la précaution d'enlever la dernière couleur dont il est imprégné. On renouvelle aisément les pinceaux, en les lavant soigneusement dans un liquide approprié à celui qui a servi à détremper la peinture. L'eau sépare aisément toute couleur à détrempe, et l'essence de térébenthine toutes celles qui ont été détrempées à l'essence et à l'huile. Dans le premier cas, on essuye le pinceau avec des linges; dans les autres circonstances, une éponge, dont on enveloppe le pinceau et qu'on presse fortement d'une main en retirant le pinceau de l'autre main, suffit pour en renouveller l'usage pour d'autres couleurs.

Quant à ceux qu'on consacre à vernir, comme *les blaireaux à vernir*, le lavage dans l'alcohol les rétablit dans leur premier état, si les vernis sont à l'alcohol. D'ailleurs, si on laisse sécher le vernis qui se trouve entre les soies, on peut, avec quelques coups de marteau ou de maillet de bois, pulvériser et séparer la résine, qui les réunit en une seule masse solide, et leur rendre ainsi la souplesse qu'ils doivent avoir.

27°. Un pincelier, vase de fer blanc, plat par dessous, à large ouverture, et dont le diamètre intérieur est coupé verticalement par une petite plaque de métal, posée de manière qu'elle soit apperçue. On met de l'huile ou de l'essence, dans une des loges ou cavités. Lorsqu'on veut nettoyer le pinceau on le trempe dans cette huile, et on le presse ensuite entre le doigt et le bord du vase ou de la plaque verticale, de manière que l'huile salie par la couleur coule avec elle dans la cavité opposée à celle qui contient l'huile ou l'essence. Des peintres se servent, par esprit de propreté, d'un petit bâton qui fait ici l'office des doigts.

28°. Deux palettes, une de bois de noyer ou de pommier, qu'on a imbibée d'huile siccative avant de la faire servir à l'inventaire des couleurs. On l'empreint d'huile jusqu'à-ce qu'elle refuse d'en prendre. C'est la palette du peintre qui sert également au vernisseur, s'il joint à son état celui de peintre en décoration. Une seconde palette de fer-blanc, qu'on réserve pour la peinture en détrempe, afin qu'on puisse la mettre sur le feu lorsque la colle se fige en travaillant.

Tel est le mobilier de l'atelier d'un peintre vernisseur qui embrasse et exécute toutes les parties de son art. L'extension que l'homme industrieux ne manque pas de donner à ses entreprises, lorsqu'elles sont couronnées du succès, peut bien contribuer à varier la forme et à multiplier le nombre des instrumens qu'on regarde ici comme nécessaires. Ces circonstances seront toujours dépendantes du besoin de faciliter l'exécution des procédés dans des entreprises faites plus en grand : mais dans aucun cas, l'indication que nous venons de donner sur le nombre et la nature des ustensiles nécessaires à ce travail, ne peut devenir superflue. Qu'on place un véritable artiste au milieu d'un atelier ainsi monté et l'art sera servi.

Fin de la seconde et dernière Partie.

RAPPORT

Fait au Comité de Chimie de la Société pour l'avancement des Arts, sur ce nouveau Traité de l'Art de faire les vernis et de composer les couleurs qu'on y mêle.

L'ART de faire et d'employer les vernis est très-moderne en Europe; si l'on excepte la Chine et le Japon, où l'on peut croire que cet art a été fort anciennement exercé, on ne connoît aucune nation qui s'en soit servi; et si les anciens en ont eu quelque idée, elle est périe avec les ouvrages, qui pouvoient la rappeller : leurs écrivains n'ont point pensé à décrire cet art, et leurs poëtes n'en ont emprunté aucune image.

On ignore l'étymologie du mot *vernis*, que les uns tirent du mot grec *bernicé*, qu'on croit signifier le succin, et les autres de *vernus ros*, la rosée du printemps, parce qu'elle semble rendre les feuilles luisantes.

On pourroit repousser la découverte des vernis au quatorzième siècle, qui fut l'époque de celle de la peinture à l'huile, mais elle ne ressemble guères aux vernis ; et si les Chinois et les Japonois nous ont dévancé dans cet art, il a été plutôt pour eux l'usage du suc que leur offroit *l'arbre aux vernis*, que le fruit de leurs recherches.

L'éclat des ouvrages Chinois et Japonois fixa l'attention des Européens, et leurs descriptions par les Jésuites missionnaires firent penser à les imiter. Les avantages que cet art promettoit aux artistes animèrent leur ardeur ; le goût de la propreté, le besoin de mettre à l'abri de l'humidité divers objets précieux ; l'éclat, la légéreté. le bas prix de divers bijoux, le luxe des appartemens et des équipages concoururent aux progrès de l'art du vernisseur. Enfin le célèbre Martin, au milieu du siècle passé, fixa l'importance des vernis, par la perfection qu'il sut leur donner en se servant du succin.

Mais les progrès de la chymie devoient influer sur ceux de l'art du vernisseur ; sa base repose sur les connoissances qu'elle fournit ; les substances qu'on employe dans les vernis ayant été mieux étudiées, elles devoient faciliter leurs combinaisons et leurs applications ; aussi le Cit. Tingry sentit l'avantage qu'il auroit de soumettre l'art du vernisseur au creuset d'une expérience réfléchie : le manuscrit qu'il vous a communiqué, et dont vous m'avez chargé de vous faire un rapport, est le résultat de ce travail.

Cet art pourroit d'abord paroître futile, et

mon rapport beaucoup trop long : mais cet art augmente pourtant nos jouissances, il diminue les ravages du temps sur plusieurs objets précieux, il intéresse enfin le commerce et les manufactures, il peut même offrir quelques idées théoriques, qui ne seront pas inutiles à la science.

Dans la description d'un art, il paroît nécessaire d'éclairer les artistes sur tout ce qui tient à l'art qu'ils exercent, de leur faire connoître les matières qu'ils employent, la façon de s'en servir, les instrumens qui peuvent les aider, les dangers auxquels ils s'exposent, les moyens de s'en garantir, et les soins qu'ils doivent prendre des substances qui leur sont nécessaires pour les conserver dans leur intégrité. Une suite de procédés minutieusement détaillés pourroient sans doute remplir ces vues ; mais alors l'artiste resteroit un automate qui exerceroit son art comme les abeilles font leurs gâteaux. Ce ne seroit point assez dans ce moment, où le génie peu content de ce qu'il possède, s'élance toujours vers le mieux ; il falloit donc que l'artiste apprît à penser, et qu'il trouvât les élémens de ses pensées dans une connoissance réfléchie de son art, et dans les rapports des procédés qu'on lui prescrit avec les principes qu'on lui présente. Telles sont les vues du Cit. Tingry dans cet ouvrage, divisé en deux parties, dont la première traite des vernis proprement dits, et la seconde de l'impression des couleurs que les vernis doivent recouvrir.

Ces réflexions s'appliquent sur-tout à cet art, qui fourmille de prétendus secrets accueillis dans les atteliers : ces secrets, lorsqu'ils sont bons, retardent les progrès des arts, en cachant les moyens de les perfectionner, et ils nuisent aux artistes lorsqu'ils sont mauvais. Il me semble à souhaiter que ces secrets soient toujours des secrets bien gardés pour tout le monde.

Cet ouvrage fournit d'abord des notices utiles sur cinquante-sept substances solides et fluides, qui entrent communément dans la composition des vernis, et sur soixante-neuf matières colorantes employées souvent avec eux; on y apprend leur origine, leurs propriétés et leurs usages, comme leurs falsifications et les moyens de les reconnoître; on y prouve la fausseté de quelques préjugés adoptés par les artistes; on y fournit des procédés nouveaux pour la rectification de quelques huiles essentielles, et le dégraissage de quelques huiles grasses : on aime en particulier y suivre les différentes modificacations de la térébenthine par différens procédés; et comme les arts intéressent d'autant plus que leur utilité est plus générale, on voit ici avec plaisir le parti qu'on pourroit tirer des produits de cette dernière substance pour le service de la marine.

Les solides employés pour la fabrication des vernis doivent être plus ou moins transparens, puisqu'ils doivent former une espèce de glace sur les corps qu'ils recouvrent ; on les trouve tous dans la classe des corps résineux et gommo-résineux. Les fluides, par la même raison, doivent être sans couleur, pour ne point diminuer la transparence des corps qu'ils dissolvent; ils doivent être volatils pour s'évaporer presque entièrement, et dépouillés de tout ce qui attireroit l'humidité de l'air, afin d'en préserver plus sûrement les corps sur lesquels on les applique ; tels sont l'alcohol, les huiles éthérées, et quelques huiles grasses rendues siccatives.

Il résulte donc des propriétés essentielles aux substances propres à faire des vernis, qu'un vernis est une surface transparente, séche, permanente et brillante déposée par le fluide, qui a divisé le corps résineux, sur les matières qu'il recouvre, et qui s'évapore avec rapidité. Cette définition distingue les vrais vernis de ceux que l'eau semble former sur les corps où elle tombe, parce qu'ils disparoissent avec elle, comme des vernis formés avec l'eau chargée de gomme ou de gélatine, parce qu'ils sont peu brillans, et qu'ils attirent l'humidité.

Cependant, comme les vernis faits avec les fluides spiritueux ou huileux ne se ressemblent pas, le Cit. Tingry en a fait différens genres, qui indiquent d'abord par leur nature, l'emploi qu'on doit en faire ; par le moyen de cette division, il a réduit cette masse de recettes et de secrets à un petit nombre de cas généraux, qui simplifient l'art, qui mettent l'artiste en état de réfléchir sur ses opérations et de les accommoder à son but.

Le premier genre est formé par les vernis à l'alcohol, ce sont les plus siccatifs ; il y en a quelques espèces. Ces vernis ont plus d'éclat que de solidité ; ils s'appliquent sur le carton et le bois.

Le second genre renferme les vernis à l'alcohol ; moins siccatifs que les précédens, ils doivent cette propriété avec une solidité plus grande, à la nature des résines qu'on y employe ; ils servent néanmoins aux mêmes usages que les précédens. Le Cit. Tingry observe, à l'occasion de ces deux genres, que l'esprit-de-vin ne se charge jamais d'une quantité de résine plus grande que le tiers de son poids. Cette observation est importante, parce que toutes les formules en exigent, à pure perte, une quantité beaucoup plus grande.

On trouve dans le troisième genre, les vernis qui changent la couleur des corps sur lesquels on les applique, comme ceux qui portent le nom de *mordans*. Ils sont plus souples, plus moëlleux, plus solides, et aussi brillans que les premiers. Les essences y remplacent l'esprit-de-vin. On les employe pour broyer les couleurs et faire les fonds : ils s'appliquent sur les bois, les métaux ; ils leur donnent beaucoup d'éclat. C'est avec ces vernis qu'on donne aux boutons d'habits des couleurs brillantes, qu'on fait les cuirs dorés, et qu'on colore les papiers machés. Les vernis des beaux tableaux se placent encore dans ce genre. L'expérience a fait connoître dans Genève, la perfection de celui que le Cit. Tingry a composé : lorsqu'il en parle, il indique dans un grand détail, les moyens de rajeunir les tableaux en les nettoyant, avant de les vernir.

Le quatrième genre est composé des vernis faits par le moyen du copal de couleur ambrée, combiné avec l'éther, ou avec l'essence de térébenthine réduite à un certain état. Ce genre et le suivant, se distinguent de tous les autres par leur solidité.

Un vernis très-siccatif, sans couleur, d'une bonne odeur, dont l'application sur les métaux offre une glace au moins aussi dure que l'émail transparent, est sans doute celui qui remplit le mieux le but qu'on se propose en vernissant ; c'est celui que le Cit. Tingry a découvert, en unissant le copal à l'éther d'une certaine concentration ; il ressemble beaucoup à celui qu'on fait avec l'essence ; mais quoique sa préparation soit sûre et facile ; quoiqu'elle dispensât des vernis de ce genre faits avec l'essence, on apprend encore à fabriquer ceux-ci avec ou sans intermède ; et comme ces derniers ont fourni quelques observations curieuses, j'ai cru pouvoir en dire encore quelques mots.

Le Cit. Tingry avoit présenté en 1788, à

notre Société , ses observations sur la solution du copal dans l'essence de térébenthine ; il y montra la cause pour laquelle toutes ces essences n'étoient pas également propres à cette opération ; il y apprit , que plus l'essence s'éloignoit de l'état d'huile éthérée , plus elle avoit d'énergie pour s'approprier le copal; que sa propriété résolutive du copal est en raison de sa densité ; que l'essence de térébenthine fraichement distillée n'exerçoit aucune action sur le copal, mais qu'elle prenoit cette propriété après avoir été exposée quelque temps à la lumière ; il prouve que l'essence de térébenthine s'approprie le copal à une chaleur au-dessous de celle de l'eau bouillante. Il a vu que cette essence est peu propre à cette solution , lorsqu'elle dépose une eau acidulée ; enfin qu'elle donne spontanément un sel acide volatil concret, assez semblable à celui qui se forme dans certaines huiles essentielles longtemps gardées , et que je croirai se rapprocher assez du camphre.

Le Cit. Tingry, après des travaux multipliés sur le copal , offre des ressources nouvelles aux artistes, pour faire ce vernis et ceux avec le succin d'une manière plus sûre , pour leur donner tout leur éclat et toute leur solidité , et pour éviter certains procédés qui auroient pu les tromper.

Ce vernis au copal peut remplacer , comme je l'ai dit , par sa dureté , les émaux transparens ;

rens ; il a bravé pendant un grand nombre d'années , le frottement continuel de la poche , sur
une boëte que ce frottement avoit privé de son cer-
cle de métal. Il offre ainsi un nouveau genre d'industrie , pour la fabrication des paillons et des feuilles de clinquant sur les boutons , de même que
pour les paillettes et une infinité de bijoux d'une
consommation journalière , où l'on employe les
émaux transparens à plus grands frais et avec
de grands risques dans l'exécution. Enfin , ce vernis fournit aux émailleurs un moyen facile et
sûr, pour réparer les accidens qui arrivent non-
seulement aux émaux transparens , mais encore
aux émaux opaques , comme l'expérience l'a heureusement appris dans notre fabrique.

Enfin , le cinquième genre des vernis est celui
des vernis gras ; s'ils sont très-solides , ils sont
aussi très-lents à sécher ; ils sont faits avec les
huiles essentielles , ou quelques huiles grasses ,
ou avec ces deux espèces d'huiles réunies et
combinées avec le succin ou le copal. Ces vernis se distinguent par leur transparence , leur
éclat et leur solidité ; ils recouvrent avec avantage les voitures de luxe et les ustensiles exposés à de fréquens frottements , comme les caba-
rets , les soucoupes , etc.

En traitant ce sujet , le Cit. Tingry apprend
à distinguer les huiles siccatives des autres , et
il fournit de nouveaux moyens pour se les pro-

curer avec facilité , en indiquant un procédé pour les oxigèner, quand on en a besoin.

Les vernis qu'on fait à présent sont à beaucoup d'égards, supérieurs à ceux de la Chine, qui sont bornés à trois couleurs, le rouge , le jaune et le noir; qui demandent des procédés longs, peu sûrs, nuisibles à la santé des artistes , et qui ne sauroient jamais se prêter à des ouvrages délicats. Des mains adroites et patientes peuvent servir cette nation antique, mais le savoir et le génie ont dirigé les Européens.

Le Cit. Tingry donne des préceptes généraux pour la fabrication en grand des vernis; il y réunit tout ce qu'on doit attendre d'un chymiste savant et d'un artiste expérimenté; il y développe les manipulations les plus heureuses; il décrit la forme des vaisseaux la plus convenable; il prescrit les méthodes les plus appropriées à la filtration et à la clarification des liqueurs. Il s'occupe en même temps de la santé des artistes ; enfin il fait connoître un nouvel alambic , qui a le double avantage de faciliter le mélange des matières pendant l'opération, et de mettre à l'abri des dangers si communs et si menaçans du feu dans ce genre de travail.

La seconde partie de cet ouvrage traite de l'application des couleurs ; on y suit la même marche que dans la première, et on y fait d'abord connoître les matières colorantes employées dans les vernis.

Pour procéder sûrement dans la composition des couleurs, il falloit avoir un principe qui servît de guide ; le Cit. Tingry le trouve dans les couleurs fondamentales, que présente la différente réfrangibilité des rayons de la lumière par le prisme ; et comme chaque substance colorante n'offre pas toujours individuellement la couleur ou la nuance desirée, il établit cette couleur et cette nuance d'après les effets produits par le mélange des différens rayons réfractés.

Après cela, le Cit. Tingry indique les procédés connus pour la composition des couleurs, et il fixe les cas où l'on peut et où l'on doit les employer, eu montrant la manière de les combiner avec les vernis.

Il s'arrête ici à considérer les diverses *laques* employées dans la peinture ; c'est - à - dire, les fécules colorantes combinées avec l'alumine ou la terre calcaire ; ces produits méritoient une grande attention par leur importance ; mais il falloit encore trouver des moyens plus sûrs que ceux qu'on avoit, pour reconnoître la fixité de la couleur des laques, et on les offre ici aux peintres.

Ce n'est point assez de connoître la composition des couleurs, leurs manipulations ; le Cit. Tingry décrit encore l'attelier du vernisseur et ses opérations ; il insiste en particulier, sur l'extrême division des matières colorantes pour les vernis colorés, et il détermine les cas où l'on doit employer les différens vernis ; il préfère l'application du vernis chargé de sa couleur au vernis transparent étendu sur un fond coloré ; parce qu'en appliquant sur le bois une couleur en détrempe, on le tourmente en l'humectant par l'encollage, ce qui force l'enduit coloré à s'écailler ; mais il suppose que les bois qu'on veut vernir sont bien secs. Il ne se borne point à ce genre de détails, il donne des moyens pour diminuer les frais de fabrication sans nuire à la beauté de l'ouvrage, et il sert ainsi également l'artiste et le propriétaire.

Cet ouvrage offre ensuite la description de la peinture à l'huile, qu'il traite avec le même soin, en déterminant les cas où il faut la préférer, et en indiquant suivant les circonstances, les huiles et les couleurs qu'on doit employer, avec la manière de les préparer et de les appliquer.

A cette occasion, comme les toiles et les taffetas cirés ne sont à rigueur que des toiles et des taffetas vernis, puisqu'il n'entre pas un atôme de cire dans leur préparation ; le Cit. Tingry en a fait l'objet de ses recherches avec d'autant plus de raison, que cette partie des arts avoit été entièrement négligée par les savans, quoiqu'elle put devenir un objet capital de commerce. Il décrit la fabrication de ces toiles, qui varie suivant l'usage qu'on veut en faire. Enfin, il apprend la composition et les falsifications de ce fameux taffetas d'Angleterre, qu'on applique sur les coupures.

Après cela, on trouve de nombreux détails sur la peinture en détrempe ; comme elle repose sur la préparation de la colle, on s'attache ici à faire connoître ses différentes espèces, à fixer les cas où l'on peut et où l'on doit employer cette peinture, et à décrire les différents fonds qu'on est obligé de faire, suivant les couleurs qu'on veut y placer : il enseigne enfin avec scrupule les différens procédés pour chaque méthode.

Cet ouvrage est terminé par des conseils donnés aux marchands et aux artistes pour la conservation des substances employées dans les vernis.

Les deux arts du vernisseur et du peintre par impression, m'ont paru traités dans cet ouvrage d'une manière utile et complette ; en conséquence, je crois qu'il mérite l'approbation du Comité de Chymie ; je desire même, que le Comité engage la Société pour l'avancement des arts et du commerce, à remercier le Cit. Tingry de son travail, et à le prier de faire jouir le public du fruit de ses recherches, qui doivent perfectionner la pratique d'un art dont une partie est d'un usage universel, et dont les autres peuvent produire de nouvelles branches d'industrie, ou faciliter et rendre plus fécondes celles qui sont déjà connues.

SENEBIER.

Genève ce 18 *Floréal, an* 8.

TABLE
DES MATIERES,
Selon l'ordre des Chapitres.

CHAPITRE SECOND.

CHAPITRE TROISIEME.

Effet

Tome II. Y

CHAPITRE QUATRIEME.

CHAPITRE CINQUIEME.

Fin de la Table des matières de la première Partie.

TABLE
DES MATIERES,
Selon l'ordre des Chapitres.

CHAPITRE SECOND.

CHAPITRE TROISIEME.

De l'extension qu'on peut donner à l'emploi des vernis de copal térébenthinés, Nº. 18 & 22, en les imprégnant de diverses parties colorantes solides, transparentes, & propres à remplir

CHAPITRE QUATRIEME.

CHAPITRE CINQUIEME.

CHAPITRE SIXIEME.

F I N.

ERRATA.

Fautes essentielles à corriger dans la seconde Partie.

PAGE 8, *ligne* 21, acquéroit néanmoins, en poids *supprimez* en poids

15, *ligne* 15 et 16. Nous tirons de Suisse, dans le Pays-de-Vaud *lisez* du Pays-de-Vaud, en Suisse

18, *ligne* 26, et les rende souvent *lisez* et les rend

36, *ligne* 6, donne le plus beau, la beauté *lisez* le plus beau; la beauté

64, *ligne* 7, qui présente des résultats *lisez* les résultats

75, *ligne* 22, la seconde est trop douce *lisez* très-douce

82, *ligne* 18, les oxides de plomb, obtenues *lisez* de plomb obtenus par

93, *ligne* 24, d'un rouge plus et moins *lisez* plus ou moins

123, *ligne* 21, des phénomènes qui l'accompagnoit *lisez* qui l'accompagnoient

162, *ligne* 22, cramoisi couleur de rose : *lisez* cramoisi. Couleur de rose.

199, *ligne* 16, n'admettent point dans *lisez* rejettent de leurs compositions

217, *ligne* 21, lorsqu'il sorte *lisez* lorsqu'ils sortent

223, *ligne* 28. Elle convient mieux *lisez* il seroit mieux appliqué

231, *ligne* 11. Les noirs de fumée de vigne *lisez* de fumée, de vigne

256, *ligne* 18, l'application du gommé *lisez* du taffetas préparé

289, ligne 9, *qu'il ne fout appliquer* : lisez *qu'il ne faut*

290, *ligne* 5, le blanc d'Espagne, détrempées *lisez* avec le blanc d'Espagne détrempé